汉竹主编●亲亲乐读系

42天经典月子餐 视频版

李红萍 / 编著

江苏凤凰科学技术出版社
·南京·

编辑导读

生完宝宝后，新妈妈身体虚弱、伤口又痛，急需补充营养，让身体快速恢复；同时还需要足够的奶水，保证宝宝的成长需求。所以，月子餐怎么吃就很关键。月子期间吃得好，不仅身体恢复快，还能给宝宝的成长打下好的基础。

然而，由于缺乏专业的营养知识，加之受传统观念的影响，在家做月子餐往往费时费力，不但辛苦家人，而且做出来的食物单一。多数情况下，新妈妈不想辜负家人的劳动成果，勉强食用导致吃太多、长过胖。而市面上的月子餐层出不穷，种类繁杂，光是筛选就令人无所适从，月子会所的价格又让人望而却步……

作为多家月子会所的特邀健康管理师、营养保健师，李红萍根据自己多年来丰富的产后护理和催乳经验，顺应坐月子的周期，整理了 42 套坐月子期间的三餐食谱，还将坐月子的一些注意事项毫无保留地写下来，并有针对性地解决新妈妈的产后需求。同时特别明确新爸爸的陪产事宜，在新妈妈坐月子时，全家人不用手忙脚乱。

十月怀胎，一朝分娩。那一声响亮的啼哭标志着角色的改变，新的人生旅程即将展开。希望作者的无私分享让更多新妈妈受益，轻松迎接宝宝出生后甜蜜而又辛苦的日子，为育儿积蓄能量。

目录
contents

分娩当天

妈妈：稳定情绪，关注临产征兆

宝宝：皮肤皱皱的“小老头”

爸爸：全程陪护，表现关爱

分娩当天的饮食

产后第 1 周

（第 2~7 天）

排恶露关键期

本周饮食重点

第 2 天

第 3 天

第 4 天

第5天

第6天

第7天

产后第 2 周

恢复期

本周饮食重点

第 8 天

第 9 天

第 10 天

产后第 3 周

催乳期

本周饮食重点

第 15 天

第 16 天

第 17 天

第18天

第20天

第19天

第21天

产后第 4 周

滋补期

本周饮食重点

第 22 天

第 23 天

第 24 天

产后第 5 周

调整期

本周饮食重点

第29天

第30天

第31天

产后第 6 周

瘦身期

本周饮食重点

第 36 天

第 37 天

第 38 天

产后不适调理食谱

产后缺乳

产后贫血

产后体虚

食欲不佳

产后腰痛

缺钙

恶露不尽

抑郁

失眠

便秘

水肿

急性乳腺炎

分娩当天

妈妈：稳定情绪，关注临产征兆

即将迎来新生命，妈妈难免会感到紧张害怕，不妨了解一些分娩的相关知识和注意事项，缓解焦虑，减少紧张感。此时，要保证充分休息，可以适当散散步；密切关注自己的身体变化，尤其是三大临产征兆——见红、宫缩和破水；与家人保持联系，确保突发状况时，紧急联系人的电话畅通。

见红了，先洗个澡

“见红”是指阴道分泌物中出现稠厚带血性的黏液，多发生在临产前的24~48小时，也有少部分出现在临产前1周，也有见红之后马上就临产的。

见红后，如果尚未出现阵痛或破水等产兆，妈妈不要慌，不必急着上医院，可以先快速洗个澡，吃饱饭后再去医院挂急诊。值得注意的是，要区分见红和胎盘早剥。见红一般出血量都不大，如果血量大，可能是胎盘早剥，需要立即到医院检查。

有宫缩，不用着急去医院

真正临产的标志是有规律的宫缩，但有一些时候，子宫也会无规律地收缩。所以宫缩开始时，妈妈可以在家先关注一下宫缩的情况，再决定去不去医院。

头胎妈妈：有规律的宫缩约5分钟1次，1次持续1分钟左右，就可到医院待产。

二胎妈妈：有规律的宫缩开始，就应到医院待产，尤其是曾有急产病史的妈妈。

“真假临产”参照表	
真临产	假临产
宫缩有规律，每 5 分钟 1 次	宫缩无规律，每 3 分钟、5 分钟或 10 分钟 1 次
宫缩逐渐增强	宫缩强度不随时间而增加
当行走或休息时，宫缩不缓和	宫缩随活动或体位的改变而减轻
宫缩伴有见红	通常不伴有黏液增多或见红

破水后，立刻去医院

羊膜破裂，羊水流出，一般是胎宝宝进入产道时才会出现的现象，意味着分娩已经开始。妈妈出现破水后，应立即平躺，防止羊水流出，并在身下垫干净的护垫。平躺后及时通知家人，并拨打“120”叫救护车。在这个过程中，如果阴道排出棕色或绿色柏油样物质，这是胎便，要及时告诉医生，这意味着宝宝可能出现受压的危险。一般认为，为了避免感染，破水后 24 小时内就应分娩出宝宝，如果还没有临产，则需要用催产素引产了。

今日温馨提示

感觉快要生了却独自在家该怎么办

1. 立刻拨打“120”。说清详细地址，请“120”派最近的救护车来家里协助。
2. 给家人、朋友打电话。挑一个离你最近的人打。
3. 打开家门，以免救护人员到了，你却疼得无法起身开门。
4. 平躺下来。在救护人员到达之前，先平躺，并在身下垫个干净的棉被或其他柔软的物品，避免宝宝出生太快，头撞到地面。另外，事先要准备好干净的浴巾，在宝宝出生之后可以用大毛巾把他裹起来保暖。

爬楼梯，增加宫缩强度

如果妈妈处于临产的早期，还需要多活动一下，可以在医生的建议下，在医院的走廊里散步或者爬楼梯等，以加速产程。但是，不要认为肚子不是很疼就私自跑出医院买东西。

出现强烈便意，切勿用力上厕所

临产前，当胎头下降压迫到直肠时，妈妈会有很强的便意。切勿偷偷去厕所用力排便，否则可能将宝宝产到马桶里。此时应立即通知医生进行检查，不要因拉到或是尿到裤子上而感到“不好意思”。即便在分娩过程中出现排便、排尿现象也不必难为情，助产的医生、护士几乎见过分娩时发生的各种状况，而且具有专业素养，不会在意这种事情。

不要因为男医生而拒做指检

妈妈临产前入院，医生都会为其做肛门检查，此时可能会遇到男医生，这没什么大不了的。妈妈所经历的分娩也许是第 1 次，对于医生而言，这是每天的日常工作，他们已经习以为常，而且在他们眼中你只有一个身份——即将分娩的产妇，所以妈妈不必因为遇上男医生而难为情。

导乐指导和家人陪伴

一般情况下，头胎妈妈经历的分娩时间通常是 12~14 小时，所以最好有导乐或家人的陪伴，聊聊天，分散妈妈分娩时的注意力，可以有效缓解分娩过程中的疼痛和不适。在妈妈宫缩疼痛时，家人拿一些枕头、靠背，确保妈妈的肘、腿、下腰处、脖子都有支撑，然后帮她做做按摩、揉揉腰，可以在心理上缓解妈妈的疼痛感。

选择适合的分娩姿势，积极配合用力

在国内，大部分医院都会要求妈妈仰卧着分娩，但这一种方法并不适合所有人。所以，只要医院允许，妈妈可以选择适合自己的分娩姿势。侧卧、站立、蹲坐、跪姿，只有妈妈本人最清楚，哪一种姿势可以较为舒缓分娩时的疼痛感。

不管在哪一个产程，不论采取哪一种分娩姿势，妈妈都要听从医生的指示，积极配合、正确用力，这样才能加速产程的进展。如果用力不当，不仅消耗体力影响产程，也容易让自己或宝宝受伤。

阵痛来临不要大喊大叫

阵痛来临时大喊大叫并不好，妈妈大喊大叫的同时，往往会吞入大量气体，引起肠管胀气，以致不能正常进食，随之而来的是脱水、呕吐、排尿困难等问题。大喊大叫还会使妈妈筋疲力尽，子宫收缩也逐渐变得不协调，有时甚至会因宫缩乏力，宫口迟迟不能开大，导致产程停滞。

新老观念对对碰

该不该选无痛分娩

✗ **老观念：** 无痛分娩会影响宝宝	✓ **专家说：** 给疼痛中绝望的妈妈带来慰藉

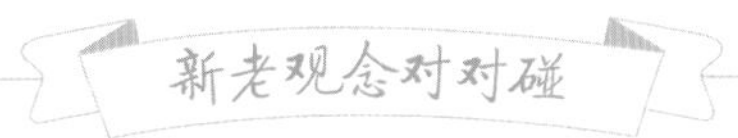

无痛分娩，确切地说是分娩镇痛，即通过某些手段，使妈妈分娩时感受到的疼痛减轻甚至消失，分为非药物性镇痛(即精神性无痛分娩)和药物性镇痛两大类。硬膜外麻醉是目前被广泛采用的一种无痛分娩方式，特别怕疼、承受能力弱的妈妈可以选择此方式。

无痛分娩不会对宝宝产生副作用，且对妈妈而言，能有效减少分娩时的恐惧和产后的疲倦。在生孩子这场一个人的战斗中，妈妈完全可以披上“无痛”的铠甲。

宝宝：皮肤皱皱的“小老头”

刚出生的宝宝皮肤红红的、皱皱的，像个“小老头”，全身上下头部相对较大，头发湿润地贴在头皮上，四肢蜷曲着，小手紧握，哭声响亮。有些顺产的宝宝由于受到产道的挤压，头部看上去有点扁。但是，很快你就会见证一个“丑小鸭变白天鹅”的过程。

天生会吃奶

在分娩后半小时，护士会将宝宝抱到新妈妈身边“开奶”。新妈妈会发现，当用乳头或手指触碰宝宝的口唇时，宝宝会相应出现口唇及舌的吮吸蠕动，这就是“吮吸反射”，是哺乳动物及人类婴儿天生所具有的反射之一。一般在宝宝 3~4 个月大时，吮吸反射自行消失，逐渐被主动的进食动作代替。

除了吃，就是睡

刚出生的宝宝大脑皮质兴奋性低，一昼夜有 18~20 小时都处于睡眠状态，只有饿了想吃奶时才会醒，吃饱后又会安然入睡。妈妈可以看到，当宝宝熟睡时，他的腹部随着呼吸起伏，节律常常不一致，每分钟 40~60 次。这主要是因为宝宝以腹式呼吸为主，呼吸很浅，且呼吸频率忽快忽慢。

能看清 20~30 厘米内的物体

很多人都以为刚出生的宝宝什么都看不见，其实这是错误的。宝宝在出生时，就能够看清并记住 20~30 厘米距离范围内的物体。因此，当新妈妈给宝宝喂奶时，宝宝可以很清楚地看见妈妈的脸，此时妈妈可以微笑着，专注地盯着宝宝的眼睛。有的宝宝和妈妈眼神对视时，会暂时停住吃奶，全神贯注地看着妈妈。用不了多久，妈妈就会发现，自己出现在宝宝面前时，他就会表现出很兴奋的样子，这表明宝宝已经认出妈妈了。

及时接种疫苗

新生儿出生后，由于免疫功能尚未发育完全，对一些疾病缺乏抵抗力，需要进行疫苗接种。一般来说，新生儿出生 24 小时内，需要接种卡介苗和第一针乙型肝炎疫苗。

爸爸：全程陪护，表现关爱

妈妈入院之后，爸爸最重要的任务就是“全力支持妈妈分娩”。妈妈阵痛开始时，爸爸可以采用谈话、游戏或是说笑话的方式，转移妈妈的注意力，或者给予鼓励，帮妈妈按摩背部、双脚或者肩膀，以减轻妈妈的疼痛。

考虑好是否要进产房

分娩不易，爸爸需要认真考虑自己是否适合进产房。即使医院允许爸爸进产房，如果爸爸还没做好心理准备，也不要因为不敢进产房而感到内疚和不安。

如果爸爸一直陪伴在产床旁边，面对分娩只有一个职责——引导妈妈控制呼吸。疼痛会使妈妈呼吸急促而且微弱，爸爸要适时地引导她慢慢地、深深地呼吸。深呼吸可以帮助妈妈放松，从而缓解疼痛，并且对宝宝也很有好处。

无论生男生女，都要感谢妻子

当筋疲力尽的妈妈被护士从产房推出来时，爸爸别忘了及时地“献殷勤”，表示自己的感激和喜悦。有的爸爸会送上一束妻子喜欢的鲜花，有的爸爸会紧紧地握住妻子的手，有的爸爸会给妻子一个拥抱，不论是什么样的方式，只要她能感受到爱意都可以。需要注意的是，有的宝宝会对花粉过敏，所以鲜花最好不要摆在病房里。

无论宝宝是男孩还是女孩，爸爸都应该感到开心，因为这是你们爱情的结晶，也不要只顾看宝宝，而冷落了一旁辛苦分娩的妻子。

分娩当晚陪床

不管是顺产还是剖宫产，产后妈妈的身体都非常虚弱，爸爸的鼓励和关心能帮助她尽快恢复。很多医院晚间允许家属陪床，此时，爸爸要主动承担起陪床的工作，这也会让妈妈感受到关爱。

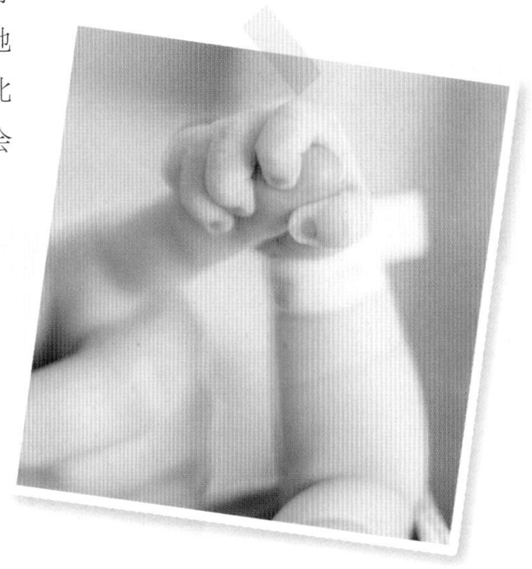

分娩当天的饮食

顺产妈妈：选择营养丰富的流质食物

第一产程
正常进食 储存体力

第一产程是漫长的前奏，在进产房前 8~12 个小时，由于时间比较长，产妇的睡眠、休息、饮食都会由于阵痛而受到影响。为了确保有足够的体力完成生产，产妇应尽量进食，以半流质或软烂的食物为主，如蛋花汤、粳米小米粥、鸡蛋面、蛋糕和面包等。

第二产程
流质食物 补充精力

第二产程由于子宫收缩频繁，疼痛加剧，消耗增加，此时产妇应尽量在宫缩间歇摄入一些果汁、藕粉、红糖水等流质食物以补充体力，有助于胎儿的娩出。身体需要的水分可由果汁、水果、糖水及白开水补充，注意既不可过于饥渴，也不能暴饮暴食。

第三产程
半流质食物 补充能量

第三产程由于宫缩阵阵发作，产妇应学会在宫缩间歇期进食的“灵活战术”，宜选择便于消化、吸收的半流质食物，以快速补充能量。

如果产后没有出现什么特殊情况，稍加休息，新妈妈就可以进食了。但由于此时新妈妈的胃肠道消化能力降低，食物从胃到肠里的时间（胃排空时间）由平时的 4 小时增加到 6 小时，极易存食，因此不要吃不容易消化的油炸或油性大的食物。

产后第 1 餐应首选易消化、营养丰富的流质食物，以清淡温热较为适宜，太热、太凉或者过咸的食物都会让新妈妈感到不适。针对这个时候新妈妈食欲差、消化功能较弱的特点，最好能给新妈妈喝一些汤或粥。

适合顺产妈妈的营养餐

黄芪羊肉汤

原料：羊肉200克，黄芪15克，红枣5颗，红糖20克，姜片、盐各适量。

做法：1. 将羊肉洗净，切成小块，汆水去血沫，捞出；红枣洗净，去掉枣核。2. 将羊肉块、黄芪、红枣、姜片、红糖一同放入锅中，加清水，用大火煮沸。3. 转小火慢炖至羊肉软烂，出锅前加盐调味即可。

功效：黄芪羊肉汤能为顺产妈妈补充体力，有利于产后恢复，同时还有安神、快速消除疲劳的功效，对于防止产后恶露不尽也有一定作用。

花生红枣小米粥

原料：小米100克，花生50克，红枣8颗。

做法：1. 小米、花生分别洗净，用清水浸泡30分钟。2. 红枣洗净，去掉枣核。3. 小米、花生、红枣一同放入锅中，加清水，用大火煮沸，转小火煮至完全熟透即可。

功效：花生与红枣配合食用，既可补气血，又可以帮助新妈妈调养体质，恢复体力。产后吃一些，新妈妈恢复得更快。

番茄菠菜鸡蛋面

原料：番茄1个，菠菜50克，鸡蛋1个，面条100克，盐、植物油各适量。

做法：1. 将鸡蛋打散成蛋液；菠菜洗净，切段，焯水后捞出备用；番茄洗净，切块。2. 油锅烧热，放入番茄块煸出汤汁，加入适量水烧开。3. 放入面条，煮至面条熟透，将蛋液、菠菜段放入锅内，大火再次煮开，加盐调味即可。

功效：软软的面条易消化，可以帮助新妈妈恢复体力；番茄稍酸的口感，还可以增强新妈妈的食欲。

剖宫产妈妈：禁食

术前 4 小时、术后 6 小时，禁食

剖宫产手术需要进行硬膜外麻醉，而麻醉的并发症就是呕吐和反流。术中呕吐、反流时，很容易使胃内容物进入气管内，引起机械性气道阻塞，影响产妇和胎儿的健康。所以选择剖宫产的妈妈应在手术前 4 小时禁食。

剖宫产手术会导致肠管受到刺激，从而使肠道功能受损，肠蠕动减慢，肠腔内有积气，术后易有腹胀感。因此剖宫产术后 6 小时内也应禁食，等到排气后才可进食。

术后 6~8 小时，忌吃产气食物

剖宫产手术 6 小时后，宜服用促进排气的食物，如萝卜汤等，以增强肠蠕动功能，促进排气，减少腹胀，并使大小便通畅。易发酵、产气多的食物，如黄豆、豆浆、土豆、芋头和红薯等，要少吃或不吃，以防腹胀。

排气后，以流质食物为主

由于剖宫产妈妈身上有伤口，同时产后腹内压突然减轻，腹肌松弛，肠蠕动缓慢，因此在饮食的安排上应以流食为主。待大量排气之后，饮食可由流质改为半流质，如蛋汤、面条等，并根据剖宫产妈妈的体质而定，饮食逐渐恢复到正常。禁止过早喝鸡汤、鲫鱼汤等油腻类和催乳类食物。产后 3 天的饮食可参考以下安排。

产后第 1 天：萝卜汤（助排气），若没有排气则推迟正常饮食。

产后第 2 天：如排气，可以吃些半流质食物，如小米红枣粥、青菜粥、鸡丝粥、小米枸杞粥等，忌喝牛奶、豆浆。

产后第 3 天：以软、热的食物为主，如萝卜粥、排骨汤、猪肝汤等。

适合剖宫产妈妈的营养餐

萝卜汤

原料：白萝卜 100 克，盐适量。

做法：1. 白萝卜洗净，切块。2. 将白萝卜块放入锅中，加适量清水，用大火煮沸，转小火炖煮熟，加盐调味即可。

功效：白萝卜有顺气健胃、消食通便等功效，适用于剖宫产术后肠功能受损、肠蠕动减慢、肠腔内积气等情况。

莲藕粥

原料：莲藕、大米各 100 克，红豆 50 克 。

做法：1. 莲藕洗净，去皮，切成薄片；大米、红豆分别淘洗干净。2. 将莲藕、大米和红豆一同放入锅中，加适量清水，煮熟即可。

功效：莲藕能通气，还能健脾益胃，养心安神。剖宫产手术 6 小时后服用可增强肠道蠕动，促进排气。

山药粥

原料：大米 50 克，山药 30 克，白糖适量。

做法：1. 大米淘洗干净，浸泡 30 分钟。2. 山药洗净，去皮切块。3. 将山药和大米一同放入锅中，加适量水，煮至大米绵软，再加白糖稍煮片刻即可。

功效：山药可以健脾胃，适宜产后肠胃功能较差的剖宫产妈妈食用。

产后第1周（第2~7天）

排恶露关键期

本周饮食重点

现在，新妈妈的身体急需养分，但肠胃正处在虚弱状态，子宫也处于恢复期，如果立刻大肆进补，不但无法达到预期效果，还有可能会损伤脾胃，甚至影响子宫收缩，导致恶露无法排出。因此，产后第 1 周的饮食还是要以清淡、易消化为主，重点在排恶露，促进伤口愈合以及去水肿。等到疼痛和不适感减轻，逐渐恢复体力后，再开始进补。

宜多吃加速伤口愈合的食物

顺产的妈妈，伤口愈合比较快，只需要三四天，而剖宫产妈妈则需要 1 周左右的时间。产后营养充足，会加速伤口的愈合。建议适当多吃富含优质蛋白质和维生素 C 的食物，如鸡蛋（每天一两个即可）、瘦肉、番茄、生菜、草莓、猕猴桃等，以促进组织修复。

宜饮用牛奶

牛奶对失眠和情绪紧张有一定的缓解作用，因为牛奶中含有的色氨酸具有催眠功效，有利于解除疲劳并帮助入睡，对于产后因体虚而导致神经衰弱的新妈妈，牛奶的安眠作用更为明显。而牛奶中对生理功能有调节作用的肽类，其镇痛效果会让人感到全身舒适，有助于安抚神经，起到镇静作用。

宜在月子菜里适当放点盐

在产后前几天里，新妈妈的身体会出很多汗，汗腺分泌也很旺盛，体内容易缺水、缺盐。这时期如果让新妈妈吃无盐饭菜，只会让她食欲不佳，并感到身体无力，甚至还会影响乳汁的正常分泌。

在整个月子期，新妈妈的菜里可以放少量的盐，只不过一定要控制好量，成人每天的食盐量不应超过 6 克，对坐月子的新妈妈来说同样要遵循这一原则。

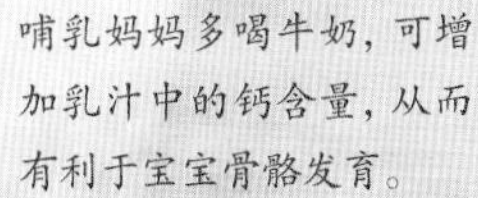

哺乳妈妈多喝牛奶，可增加乳汁中的钙含量，从而有利于宝宝骨骼发育。

忌过早吃下奶食物

目前，70% 左右的女性有小叶增生，容易造成产后乳腺不通，特别是初产妇。刚分娩完，新妈妈的乳腺管还没有完全通畅，如果着急喝催乳汤或吃其他下奶食物，那么乳汁就容易堵在乳腺管内，严重的还会导致发热，甚至患上乳腺炎。一般建议，产后第 3 天开始可以给新妈妈喝催乳汤。

忌产后立即大补

产后女性身体比较弱，传统观念是要大补，现在却不提倡。这是因为刚分娩完，新妈妈的脾胃功能还没有完全恢复，吃多了反而是负担。

忌服用生化汤超过 1 周

生化汤有协助子宫收缩、补血，促进恶露排出的功效，可以根据新妈妈的身体情况选择食用，但最重要的还是看医生是否开了类似的药物，如果有，就不宜同时服用生化汤。

产后第 1 天就可以开始服用生化汤，一般来说，顺产妈妈服用 5 天，剖宫产妈妈服用 3 天，具体按照实际情况决定，通常不宜超过 1 周。其实，帮助子宫恢复较好的方法还是勤喂母乳、早下床活动和腹部保暖等。

新老观念对对碰

产后多久喝老母鸡汤

✗ **老观念：** 尽早喝老母鸡汤补虚	✓ **专家说：** 产后前 10 天不要喝老母鸡汤

老母鸡汤中雌性激素含量很高，会抑制乳汁分泌，使哺乳期的妈妈缺奶，所以产后前 10 天尽量不要喝。如果妈妈母乳过少，可以适当吃点公鸡。在妈妈有足够的母乳后，可以选择喝老母鸡汤来补充身体所需。

妈妈：红色恶露量增加

从产后第 1 天开始，新妈妈会排出类似“月经”的东西（含有血液、少量胎膜及坏死的蜕膜组织），这就是恶露。正常情况下，产后恶露会经过血性恶露、浆液恶露、白色恶露三个阶段，持续 4~6 周。如果超出这个时间仍有较多恶露，则为产后恶露不尽。坚持母乳喂养，能促进新妈妈子宫收缩，利于恶露排出。

今日温馨提示

产后“第一步”下床时间不同

顺产妈妈：在产后 6~8 小时就可以下床活动，每次 5~10 分钟。如果会阴撕裂或侧切，应在 12 小时以后再活动，动作要慢，避免将缝合的伤口撕开。

剖宫产妈妈：手术后 24 小时内需要卧床休息，在床上练习侧身、坐起等动作，适应身体疼痛后，可以尝试下床活动。

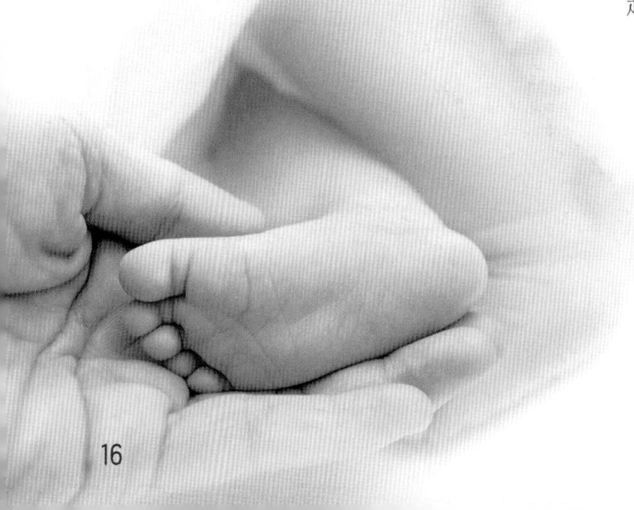

宝宝：排出墨绿色胎便

新生儿出生后 12 小时左右开始排胎便，呈墨绿色或黑色黏稠状，约 48 小时后，变为混着胎便的乳便，呈黄绿色，这叫过渡便。之后，会逐渐进入黄色的正常阶段，母乳喂养的宝宝大便呈金黄色的软糊状，配方奶粉喂养的宝宝大便呈土黄色的硬膏状。

宝宝的皮肤十分娇嫩，被含有酸碱性物质的大小便刺激后，容易引起红屁股，所以宝宝每次大便后，要先用婴儿湿巾擦拭，再用温水清洗，清洗干净后抹上护臀霜，最后穿上纸尿裤。

爸爸：协助妻子下床走走

分娩会消耗妈妈很多体力，产后易感到十分疲劳，需要好好休息。但长期卧床休息、不活动，不利于宫内积血排出，甚至可能增加感染的概率。对妈妈来说，独自下床活动是目前难以完成的一项活动，所以，此时爸爸必须承担起责任，起到协助作用。

月子会所黄金套餐

煮鸡蛋
山药枸杞粥
胡萝卜炒肉丝
紫菜馄饨

软米饭
彩椒炒鸡脯
炒莜麦菜
番茄猪肝汤
梨子露

南瓜薏仁饭
香菇青菜
秋葵厚蛋烧
白萝卜排骨汤
红豆汤

补气养血营养餐

彩椒炒鸡脯

原料：彩椒100克，鸡脯肉100克，植物油、盐、姜片各适量。

做法：1. 鸡脯肉洗净，切片；彩椒去蒂去子，洗净切块。2. 油锅烧热，爆香姜片，加入鸡肉片炒至变色。3. 加入彩椒同炒，加盐翻炒均匀即可。

功效：这道菜色泽鲜艳、味道鲜美，有很好的开胃作用；鸡脯肉富含蛋白质，有助于补充体力，适合产后虚弱的新妈妈食用。

炒莜麦菜

原料：莜麦菜200克，植物油、盐各适量。

做法：1. 莜麦菜洗净，切段。2. 油锅烧热，放入莜麦菜翻炒。3. 菜炒熟时加盐调味即可。

功效：莜麦菜中含有较多的膳食纤维，能增强肠道蠕动功能，减少产后便秘的发生，并且清新爽口，适合此阶段的新妈妈食用。

番茄猪肝汤

原料：番茄1个，猪肝100克，植物油、盐各适量。

做法：1. 猪肝洗净，切片，汆水后捞出备用；番茄用开水稍微烫一下，去皮切块。2. 油锅烧热，放番茄块翻炒。3. 锅内加入适量水烧开，倒入猪肝，煮熟后加盐调味即可。

功效：猪肝有助于补铁补血；番茄富含维生素C，可以促进铁的吸收，适合产后贫血的妈妈食用。

补虚消肿营养餐

香菇青菜

原料： 鲜香菇 50 克，青菜 150 克，植物油、姜丝、盐各适量。

做法： 1. 青菜洗净，切段；鲜香菇洗净，去蒂切片，焯水后捞出备用。2. 油锅烧热，爆香姜丝，放入香菇片、青菜段翻炒均匀。3. 翻炒至青菜变色后加盐调味即可。

功效： 香菇和青菜含有多种维生素和膳食纤维，可以帮助新妈妈产后初期调养身体、恢复体力，香菇中的营养素还有助于加快血液循环，有效消肿。

秋葵厚蛋烧

原料： 鸡蛋 1 个，秋葵 100 克，盐、白糖、植物油各适量。

做法： 1. 鸡蛋打散，加入白糖、盐搅拌均匀；秋葵洗净，去蒂。2. 锅内加适量水烧开，加入盐和秋葵，焯至颜色翠绿，捞出冲冷水。3. 油锅烧热，倒入蛋液，摊平。4. 放入秋葵，在蛋液底部成形、表面未完全凝固时卷起蛋饼，出锅切块。

功效： 鸡蛋中含有丰富的蛋白质，与秋葵搭配，能为新妈妈补充气血、调养身体。

白萝卜排骨汤

原料： 白萝卜 150 克，猪排骨 150 克，枸杞、姜片、盐各适量。

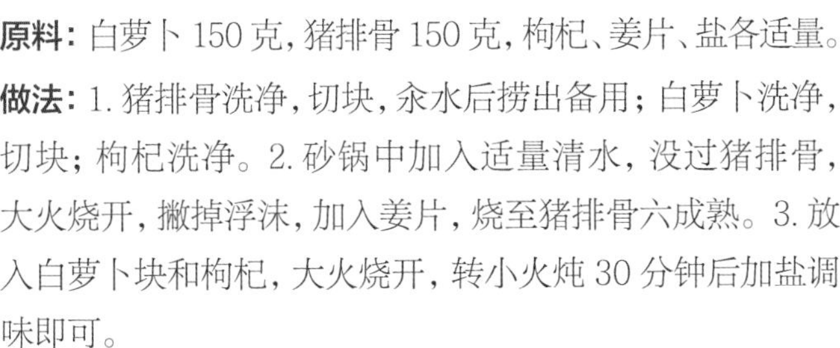

做法： 1. 猪排骨洗净，切块，汆水后捞出备用；白萝卜洗净，切块；枸杞洗净。2. 砂锅中加入适量清水，没过猪排骨，大火烧开，撇掉浮沫，加入姜片，烧至猪排骨六成熟。3. 放入白萝卜块和枸杞，大火烧开，转小火炖 30 分钟后加盐调味即可。

功效： 白萝卜可理气，促进肠胃蠕动，排骨汤中含有较多的蛋白质和钙质，适合产后虚弱的新妈妈食用。

第3天

妈妈：开始分泌乳汁

产后1~5天妈妈开始泌乳，但乳汁量不多，这段时间哺乳次数应该频繁一些。每天可哺乳8~12次，哺乳时让宝宝吸空一侧乳房后再吸另一侧乳房。如果宝宝没有将乳汁吸空，妈妈应将乳汁挤出或者用吸乳器把乳汁吸出，这样才有利于保持乳汁的分泌及排出通畅。

母乳中的各种营养素含量都很高，而且各种营养素的比例搭配适宜。对宝宝来说，它的营养价值高于任何其他代乳品。母乳中还含有多种抗感染因子，使得母乳喂养的宝宝抵抗力较强，呼吸道及胃肠道的感染率明显低于配方奶粉喂养的宝宝。不同时期分泌的乳汁营养成分也略有差异，这种差异正好适应了宝宝身体成长的需要。

初乳

分娩后1~5天内分泌的乳汁。

过渡乳

分娩后6~10天分泌的乳汁。

成熟乳

分娩后11天到9个月分泌的乳汁。

晚乳

分娩10个月以后分泌的乳汁。

宝宝：皮肤变黄，体重下降

新生儿出生后，体内都有过量的胆红素，慢慢地会被肝脏摄取吸收，宝宝的皮肤就会由红慢慢变黄了，这叫“新生儿黄疸”，大多都是没有危险的，很快就会自愈。

出生后最初几天，新生儿的睡眠时间长，吮吸力弱，吃奶时间和次数少，肺和皮肤会蒸发大量水分，大小便排泄也相对多，再加上妈妈开始时乳汁分泌少，所以宝宝在出生头几天，体重不会增加反而会下降，这是正常的生理现象，不必担心。

爸爸：重视妻子情绪护理

产后妈妈由于身体不适和照顾宝宝的压力，再加上体内激素水平下降，容易引起情绪波动和心情变差。爸爸要给予妈妈足够的关心和照顾，分担照顾宝宝的工作，让妈妈感到心安，从而减少情绪低落发生的次数。

月子会所黄金套餐

红枣小米粥　煮鸡蛋　牛奶

红枣莲子猪肚汤　什锦面　宫保鸡丁　麻油猪肝

米饭　炒空心菜　蚝油茭白　豆腐炒肉片　海带鸭肉汤　银耳莲子汤

促排恶露营养餐

什锦面

原料：面条 100 克，鲜香菇、胡萝卜、豆干、水发海带各 20 克，芝麻油、盐各适量。

做法：1. 鲜香菇、胡萝卜、水发海带洗净，切丝；豆干洗净，切条。2. 锅中加水煮沸，面条放入水中煮熟。3. 放入香菇丝、胡萝卜丝、豆干条、海带丝稍煮，出锅前加盐调味，淋上芝麻油即可。

功效：什锦面含有丰富的维生素、矿物质和膳食纤维，易于消化、消除水肿。

宫保鸡丁

原料：花生米 20 克，鸡肉丁 75 克，莴笋丁 50 克，植物油、姜片、盐各适量。

做法：1. 鸡肉丁、莴笋丁洗净；花生米放入油锅炸脆，捞出冷却。2. 油锅烧热，爆香姜片，将鸡肉丁和莴笋丁倒入锅中，炒至变色。3. 加盐翻炒片刻，起锅前放入炸好的花生米炒匀即可。

功效：宫保鸡丁丰富的食材、鲜艳的颜色能提高新妈妈的食欲，有助开胃，还能调理肠胃。产后食用花生，还有助于润肠通便。

红枣莲子猪肚汤

原料：猪肚 100 克，干莲子 10 颗，红枣 6 颗，姜片、盐各适量。

做法：1. 干莲子洗净，泡发备用；红枣洗净，去核。2. 猪肚处理干净，切丝，氽水后捞出备用。3. 将猪肚丝、莲子、红枣、姜片放入砂锅中，加适量水煲 40~60 分钟，最后加盐调味即可。

功效：红枣有滋养气血的功效，和莲子、猪肚同煮，能改善气血不足、脾胃虚弱、恶露不尽等情况。

滋阴润燥营养餐

蚝油茭白

菜

原料： 茭白 2 根，蚝油、豆瓣酱、葱花、蒜末、白糖、植物油各适量。

做法： 1. 茭白洗净，去皮去老根，切滚刀块，焯水后捞出沥干。2. 油锅烧热，爆香葱花、蒜末，放入豆瓣酱和茭白块，炒至茭白块略干。3. 倒入蚝油和白糖，加适量水翻炒均匀，焖 2 分钟至汤汁收干，撒上葱花即可。

功效： 这道菜富含膳食纤维，能够改善产后便秘。

豆腐炒肉片

菜

原料： 豆腐 1 块，猪瘦肉 100 克，红彩椒 1 个，植物油、姜片、盐各适量。

做法： 1. 豆腐切片；猪瘦肉洗净，切片；红彩椒去蒂去子，洗净，切片。2. 油锅烧热，小火煎豆腐至两面微黄，盛出。3. 锅中留底油，爆香姜片，放入肉片炒至变色，倒入豆腐和红彩椒翻炒，再加适量水略炖，最后加盐调味即可。

功效： 猪肉滋阴润燥，与富含蛋白质的豆腐搭配食用，补气生血、补钙的同时，还能提高乳汁质量。

海带鸭肉汤

汤

原料： 鸭肉 150 克，干海带 20 克，植物油、姜片、枸杞、盐各适量。

做法： 1. 鸭肉洗净，剁块，汆水后捞出备用；干海带泡发洗净，切丝。2. 油锅烧热，加姜片翻炒，倒入鸭肉块，炒至鸭肉变色，倒入海带丝翻炒，放入枸杞。3. 锅内加适量水煮开，转小火慢炖 20 分钟，汤汁略收，加盐调味即可。

功效： 产后容易阴虚火旺，鸭肉有滋阴之效；海带富含碘，哺乳妈妈可适当食用。

第4天

妈妈：子宫慢慢缩小

新妈妈会感觉到子宫在慢慢缩小，已经下降到肚脐和耻骨联合之间了。如果是母乳喂养宝宝，子宫缩小得会更快一些，因为在哺乳期间会释放较多的催产素。

此外，通过抚摸和怀抱宝宝，与宝宝进行充分的肌肤接触，也会增加妈妈体内催产素的分泌，从而刺激子宫收缩，加速产后身体恢复。顺产妈妈和剖宫产妈妈的子宫恢复情况会略有不同。

顺产妈妈	分娩后，子宫会慢慢变小。逐日收缩，但要恢复到怀孕前的大小，至少需要6周。
剖宫产妈妈	产后2~3天，胎盘和胎膜已经脱落的子宫颈部开始新生黏膜。大约1周后，黏膜完全再生，扩张的子宫颈也会慢慢恢复正常，开始闭合。

宝宝：每1~2小时吃奶1次

新生儿期，0~3个月绝大多数宝宝需要每2~3小时吃奶1次，24小时吃奶8~12次，每次吃奶20~30分钟。出生1周内的宝宝，吃奶间隔会相对更短，每隔1~2小时就要吃奶1次。

对于母乳喂养的宝宝，按需哺乳非常重要，只要宝宝想吃，就马上让他吃，过一段时间后，就会自然而然形成吃奶规律。按需哺乳可以使宝宝获得充足的乳汁，同时，需求能得到及时满足，会激发宝宝身体和心理上的快感，这种最基本的快乐是新生儿最大的享受。

爸爸：接妻子和宝宝回家

如果宝宝是顺产的话，今天就可以接妻子和宝宝回家了（剖宫产妈妈一般需要住院1周）。不过接妻子回家之前要把家里收拾得干净点，“产后抑郁”可是说来就来的，爸爸要尽量避开那些会惹妈妈不开心的事。此外，干净的室内环境对妈妈身体的恢复和宝宝的健康成长都十分重要。

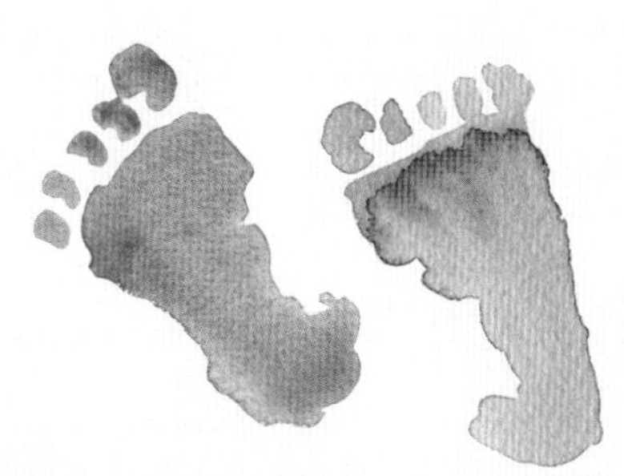

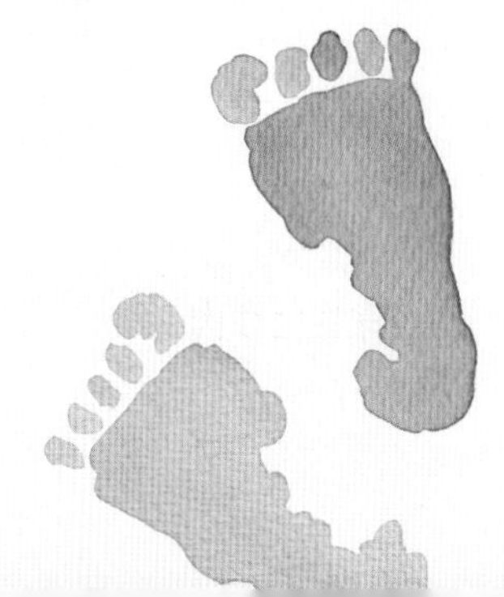

月子会所黄金套餐

紫菜馄饨 煮鸡蛋 南瓜薏仁粥

麻油菠菜 麻油猪肝 猕猴桃

红彩椒炒莲藕 胡萝卜玉米排骨汤 蛋糕

胡萝卜饭 紫甘蓝炒豆皮

荷兰豆炒肉片 芋头排骨汤 红豆汤

祛瘀止痛营养餐

红彩椒炒莲藕

原料：莲藕 150 克，红彩椒 1 个，植物油、姜丝、盐各适量。

做法：1.莲藕洗净，切条；红彩椒去蒂去子，洗净，切条。2.油锅烧热，爆香姜丝，放入莲藕翻炒，加适量水。3.炒 2~3 分钟后放入红彩椒翻炒均匀，加盐调味即可。

功效：莲藕有清除腹内积存的瘀血，促进新陈代谢的效果，适合产后发热、恶露不尽、下腹疼痛的新妈妈食用。

麻油菠菜

原料：菠菜 200 克，芝麻油、盐各适量。

做法：1. 菠菜洗净，切段，焯水捞出。2. 锅加热后，倒入芝麻油，再放入菠菜略炒片刻。3. 出锅前加盐调味即可。

功效：菠菜营养丰富，能帮助消化，同时芝麻油可有效缓解便秘，很适合产后便秘的新妈妈食用。

胡萝卜玉米排骨汤

原料：猪排骨 250 克，胡萝卜 250 克，玉米 1 根，姜片、盐各适量。

做法：1. 玉米洗净，斩段；胡萝卜洗净去皮，切块。2. 猪排骨洗净，斩段，汆水，撇去血沫，捞出洗净。3. 将除胡萝卜和盐以外的所有食材放入砂锅中，加适量水，大火烧开转小火炖约 1 小时，放入胡萝卜和盐，继续小火慢炖约 30 分钟即可。

功效：胡萝卜含有丰富的维生素，可益肝明目、调理肠胃；猪排骨能够补益脏腑，提高抵抗力，可一定程度上改善产后不适。

补虚通乳营养餐

荷兰豆炒肉片

原料：荷兰豆 100 克，猪里脊肉 75 克，红彩椒 1 个，盐、植物油各适量。

做法：1. 猪里脊肉洗净，切片；荷兰豆洗净，择去筋丝；红彩椒去蒂去子，洗净，切条。2. 荷兰豆放入沸水中烫熟，沥干水分。3. 油锅烧热，放入猪里脊肉片翻炒至变色，加荷兰豆和红彩椒一起翻炒片刻，加盐调味即可。

功效：荷兰豆的膳食纤维含量较高，可预防产后便秘。

紫甘蓝炒豆皮

原料：紫甘蓝 300 克，豆皮 1 张，青椒 1 个，红彩椒 1 个，盐、植物油各适量。

做法：1. 紫甘蓝、豆皮、青椒、红彩椒洗净，切丝；紫甘蓝丝和豆皮丝焯水后捞出备用。2. 油锅烧热，放入紫甘蓝丝和豆皮丝炒至紫甘蓝变软，倒入青椒丝和红彩椒丝翻炒片刻，出锅前加盐调味即可。

功效：紫甘蓝含有丰富的花青素，是强有力的抗氧化剂，有助细胞更新，促进伤口愈合；豆皮中的蛋白质有助提高乳汁质量。

芋头排骨汤

原料：猪排骨 200 克，芋头 150 克，彩椒丝、姜片、盐各适量。

做法：1. 芋头去皮洗净，切块；猪排骨洗净，切段，汆水，去血沫后捞出。2. 将猪排骨、姜片放入锅中，加水，用大火煮沸，转中火焖煮 15 分钟。3. 拣出姜片，加入芋头，小火慢煮 45 分钟，加盐调味，出锅后放上彩椒丝点缀。

功效：本道汤品不仅含有丰富的蛋白质，还可以及时补充新妈妈体内流失的钙质，增强其抵抗力。

第5天

妈妈：每天8~9小时睡眠

生完宝宝后，新妈妈有很多事要做，如喂奶、换尿片、哄宝宝睡觉，新妈妈想要睡个好觉都快成了一种奢望。调查显示，有超过40%的新妈妈都会出现睡眠问题。为了自己和宝宝的身体健康，新妈妈应尽量保证每天的睡眠时间在8~9小时。睡前别吃巧克力、甜点及喝甜的饮料，因为甜食很容易让人感到激动、兴奋，导致难以入眠。

为保护腰骨，新妈妈不要睡太软的床，尤其是剖宫产妈妈。垫的被褥也不要过厚，在冬季比怀孕后期垫的薄些就好。此外，盖的被子要选用棉质或麻质等轻柔透气的床品，每1~2周换洗和暴晒1次。

宝宝：黄疸达到高峰

宝宝已经学会熟练地吮吸妈妈的乳汁了。惊喜之余，宝宝身上的黄疸程度却达到高峰，特别是母乳喂养的宝宝，更易患上生理性黄疸，妈妈不要因此轻易停止哺乳而改喂配方奶，增加母乳喂养量和频率有助于缓解症状，一般一周后黄疸会自然消退。如果是病理性黄疸，要及时带宝宝就医诊治。

爸爸：半夜给宝宝换尿布

宝宝半夜常常会尿尿，尿湿了睡得不舒服就会哭闹，尿布长时间不换，还会导致宝宝红屁股。新妈妈此时身体虚弱，睡眠也不足，体贴的新爸爸半夜里应该主动起床给宝宝更换尿布。

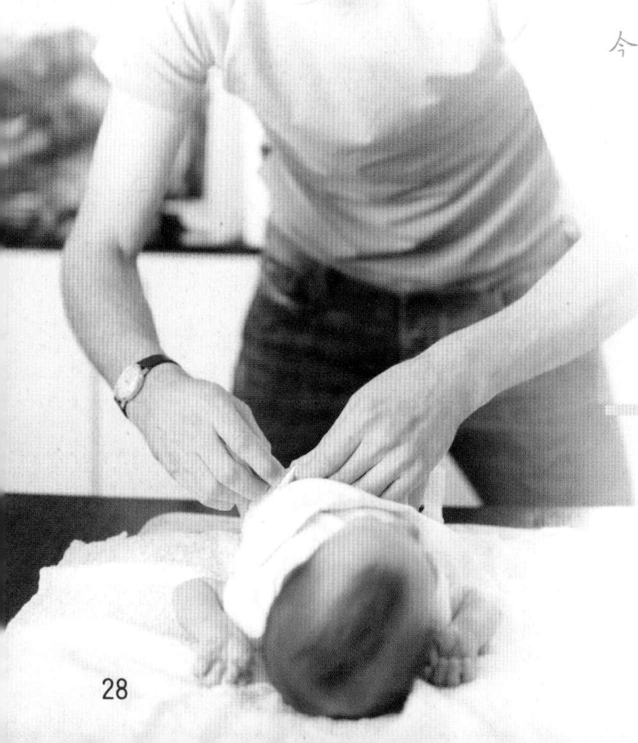

今日温馨提示

区分生理性黄疸和病理性黄疸

生理性黄疸：多出现在宝宝躯干、巩膜以及四肢近端，一般不过肘膝。宝宝精神状态好，喝奶正常，大便颜色仍然是黄色。

病理性黄疸：除面部躯干外，四肢以及手心、足心均出现黄疸。宝宝厌食，大便颜色发白。

月子会所黄金套餐

8:00
10:00
小米红枣乌梅粥
肉包
炒黄瓜
红糖水煮鸡蛋

12:00
15:00
清蒸鲈鱼
腰果鸡丁
时令水果
蚝油生菜
鸭血豆腐黄豆芽汤
赤豆元宵

18:00
21:00
安神猪心汤面
青菜肉圆汤
麻油红苋菜
小米大米粥

滋补开胃营养餐

腰果鸡丁

原料：腰果 20 克，鸡脯肉 75 克，莴笋丁 50 克，胡萝卜丁 30 克，植物油、姜片、盐各适量。

做法：1. 鸡脯肉洗净，切丁备用。2. 油锅烧热，爆香姜片，倒入腰果、鸡丁，翻炒至鸡丁变色。3. 放入莴笋丁、胡萝卜丁翻炒至熟，加盐调味即可。

功效：鸡肉中含有的蛋白质非常适合产后妈妈滋补身体，与香脆的腰果炒食，能有效提高新妈妈的食欲。

扫一扫 轻松学

清蒸鲈鱼

原料：鲈鱼 1 条，植物油、姜片、姜丝、蒸鱼豉油、红彩椒丝、黄彩椒丝各适量。

做法：1. 鲈鱼处理干净，在鱼身上斜划几刀，摆放上适量姜片。2. 隔水蒸 10 分钟后取出，去掉鱼身上的姜片，再倒掉汤汁，把姜丝铺在鱼身上。3. 炒锅里倒入适量植物油，烧至冒烟后淋在鱼身上，再加入蒸鱼豉油，最后点缀上红彩椒丝、黄彩椒丝即可。

功效：鲈鱼含有丰富的蛋白质，有助产后身体恢复，同时也是很好的催乳食材。

催乳明星菜

鸭血豆腐黄豆芽汤

原料：鸭血 100 克，豆腐 1 块，黄豆芽、植物油、姜末、盐各适量。

做法：1. 鸭血汆水后捞出，切丁备用；豆腐洗净、切丁。2. 油锅烧热，爆香姜末，加入适量水煮开。3. 倒入鸭血丁、豆腐丁、黄豆芽煮开，出锅前加盐调味即可。

功效：黄豆芽不仅具有促进乳汁分泌的功效，还可缓解乳房肿痛；鸭血可补血补铁，适合产后虚弱贫血的新妈妈食用。

安神助眠营养餐

安神猪心汤面

原料: 猪心 100 克,青菜 100 克,干莲子 10 颗,枸杞 10 颗,薏仁、面条、姜丝、盐各适量。

做法: 1. 干莲子、薏仁洗净,浸泡 1 小时;枸杞、青菜洗净备用;猪心洗净,切成薄片。2. 将猪心、莲子、薏仁、姜丝一起放入锅中,加适量水煲 40 分钟左右。3. 锅中加入枸杞、青菜和面条,煮开。4. 出锅前加盐调味即可。

功效: 此面可补血、补气,增强抵抗力,适合产后体弱、失眠的新妈妈食用。

麻油红苋菜

原料: 红苋菜 200 克,姜片、芝麻油、盐各适量。

做法: 1. 红苋菜洗净,捞出沥干,切段备用。2. 锅中倒入芝麻油,小火加热后爆香姜片。3. 转大火,放入红苋菜快炒,加适量水,煮沸后转小火,继续煮至软烂,出锅前加盐调味即可。

功效: 红苋菜能补气,润肠通便,还具有促进凝血、促进造血等功能。芝麻油增加了此菜的口感和香味,适合食欲不佳的新妈妈食用。

青菜肉圆汤

原料: 猪肉末 150 克,青菜 1 把,植物油、姜末、盐、鸡蛋液、干淀粉各适量。

做法: 1. 青菜择洗干净;猪肉末加姜末、盐、鸡蛋液、干淀粉搅拌均匀,腌制入味。2. 锅中加水煮沸,将肉末挤成球形,放入沸水中,盖上锅盖烧开。3. 另起一锅,放入植物油,倒入青菜煸炒片刻,再把烧好的肉圆连汤倒入锅中烧开,加盐调味即可。

功效: 猪肉中含有较多的蛋白质且铁含量较高,特别适合产后血虚的新妈妈食用。

第6天

妈妈：小心护理伤口

顺产妈妈：如果妈妈有会阴侧切，一定要注意伤口的护理。在产后的前几天，经常更换卫生巾以防伤口感染细菌。回家后，医生会根据具体情况，给出冲温水、冲洗液、坐浴等不同的建议。大小便之后，妈妈也要用温水冲洗外阴，以保持伤口的洁净和干燥。此外，睡觉时，应该向伤口的反侧睡。

剖宫产妈妈：伤口完全恢复需要4~6周。不要过早地揭伤口的结痂，防止发炎。注意保持伤口处的卫生，及时擦去汗液，不要抓挠，也不要用衣服摩擦瘢痕来止痒，还要避免太阳直射，以免色素沉淀。为了伤口及时愈合，妈妈还要多吃促进血液循环，改善表皮代谢功能的食物，如鸡蛋、瘦肉、水果和蔬菜等。

宝宝：身体在蜕皮

几乎所有刚出生的宝宝都会有蜕皮的现象，不论是轻微的皮屑，或是严重的蜕皮，都不用担心。只要宝宝饮食正常，睡眠也没有问题，就是正常现象。蜕皮是因为宝宝皮肤最上层的角质层发育不完全引起的，全身各个部位都有可能出现，但以四肢、耳后较为明显，只要在洗澡时使其自然脱落即可，不要强行将蜕皮撕下。若蜕皮合并红肿或水疱等其他症状，则可能为病症，需要就诊。

爸爸：多给妻子心理安慰

爸爸要多鼓励妻子坚持母乳喂养，对于母乳喂养遇到的问题一定要通过咨询医生、多查资料解决，别忘了强调母乳喂养对妈妈和宝宝都有好处。

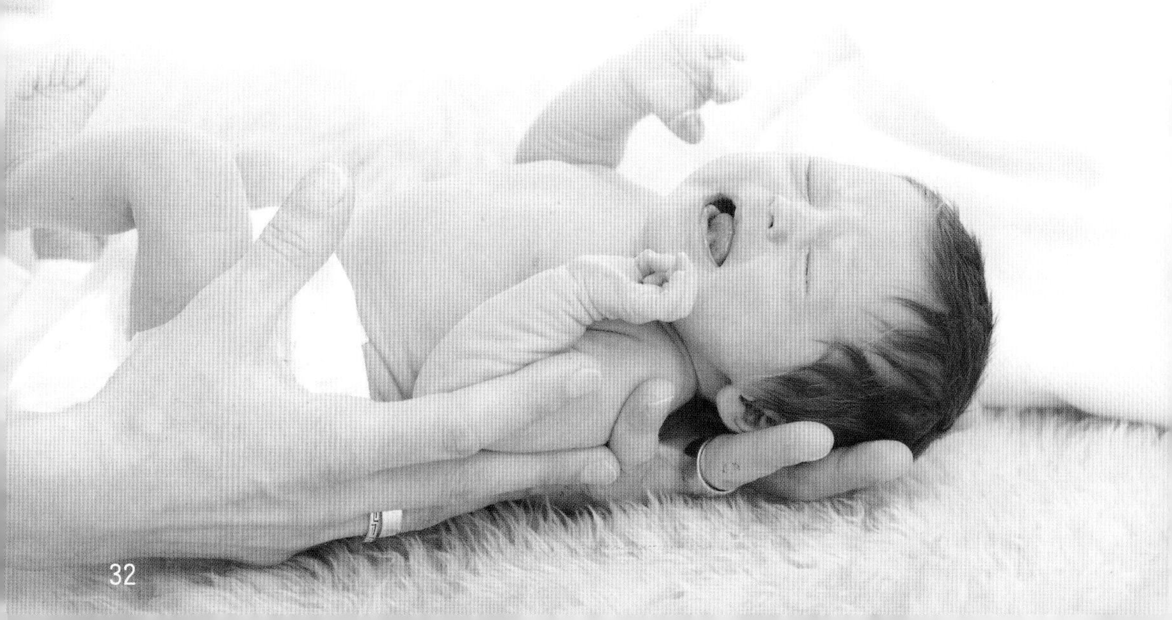

月子会所黄金套餐

胡萝卜虾仁粥　馒头　藕粉

小米蒸排骨　香菇青菜　时令水果

玉米烙　四神汤　蒸南瓜

玉米胡萝卜粥　杏鲍菇炒猪肉

芹菜黑木耳炒肉丝　番茄鱼　红豆汤

补铁补血营养餐

小米蒸排骨

原料： 猪排骨 150 克，小米 50 克，姜末、生抽、盐各适量。

做法： 1. 小米洗净；猪排骨剁成块，汆水去血沫，捞出备用。2. 将小米、姜末、生抽、盐与猪排骨一起搅拌均匀，盖上保鲜膜，腌 2 小时，让每根猪排骨都均匀地裹上小米。3. 将猪排骨放入蒸锅，大火蒸约 40 分钟，取出即可。

功效： 猪肉能提供血红素铁，适合产后缺铁性贫血的新妈妈食用；小米具有养血安神的作用。

玉米烙

原料： 甜玉米粒 300 克，玉米淀粉 40 克，白糖、植物油各适量。

做法： 1. 甜玉米粒焯熟沥干，放入碗中，倒入玉米淀粉，搅拌均匀。2. 油锅烧热，倒入裹上玉米淀粉的玉米粒，铲平、压紧，小火煎 3 分钟左右，让玉米粒都粘连在一起，呈饼状。3. 倒入植物油，没过食材，转中火炸至玉米粒金黄，出锅撒上白糖即可。

功效： 玉米中富含膳食纤维和维生素 A，可促进产后排便，保护新妈妈视力，玉米还含有维生素 E，有助延缓衰老。

四神汤

原料： 猪心 100 克，薏仁 30 克，干莲子 10 颗，芡实 20 克，茯苓 10 克，盐适量。

做法： 1. 猪心处理干净，切片，放入沸水中煮熟，捞出用流水冲洗干净。2. 薏仁、干莲子、芡实洗净，浸泡 1 小时后与洗净的茯苓一起放入锅中，加适量水，大火烧沸后放入猪心。3. 转小火煮 30 分钟，加盐调味即可。

功效： 此汤具有健脾、祛湿、降燥清热等功效，特别适合产后身体虚弱的新妈妈食用。

清热除烦营养餐

芹菜黑木耳炒肉丝

菜

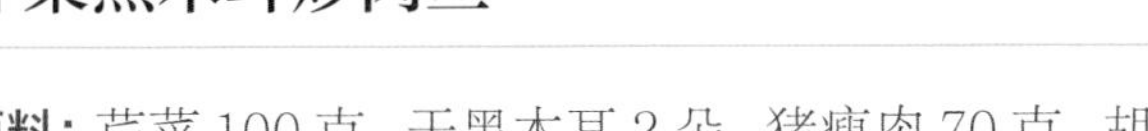

原料：芹菜 100 克，干黑木耳 2 朵，猪瘦肉 70 克，胡萝卜半根，植物油、姜丝、盐各适量。

做法：1. 芹菜洗净，切段；胡萝卜洗净，切丝；干黑木耳泡发后撕成小块；猪瘦肉洗净，切丝。2. 油锅烧热，爆香姜丝，倒入猪肉丝煸炒至白色。3. 倒入芹菜段、黑木耳、胡萝卜丝翻炒至熟，加盐调味即可。

功效：芹菜、黑木耳、胡萝卜和猪肉营养均衡且丰富。此菜还含有丰富的膳食纤维，对产后有便秘困扰的新妈妈很有帮助。

杏鲍菇炒猪肉

菜

原料：杏鲍菇 1 个，猪里脊肉 120 克，黄瓜半根，植物油、盐、白糖、酱油、鸡蛋清各适量。

做法：1. 杏鲍菇洗净，切片，焯水后捞出备用；猪里脊肉洗净，切片，加盐、白糖和鸡蛋清腌制备用；黄瓜洗净，切片。2. 油锅烧热，倒入猪里脊肉片炒至颜色变白，倒入酱油、黄瓜片翻炒片刻。3. 倒入杏鲍菇一起翻炒均匀，加盐调味即可。

功效：杏鲍菇搭配猪肉，清热除烦、补气生血，有利于产后调养身体。

番茄鱼

汤

原料：黑鱼 1 条，番茄 2 个，料酒、盐、白糖、葱段、姜片、植物油各适量。

做法：1. 番茄洗净，切块；黑鱼处理干净，取鱼肉切片，沥干后放盐，搅拌上劲，加葱段、姜片和料酒抓匀，腌 15 分钟；黑鱼骨切段。2. 油锅烧热，爆香葱段、姜片，放入鱼骨、鱼头和鱼尾翻炒，加开水没过食材，中小火熬煮。3. 另取锅，倒水烧开，放鱼片煮至变白，捞出备用。4. 锅洗净后倒油，倒入番茄块翻炒出汁，倒入鱼汤烧开，放鱼片，加盐和白糖调味。

功效：产后食用黑鱼，具有生肌补血、促进伤口愈合的作用。

妈妈：出汗增多

坐月子期间，妈妈应根据季节的变化注意衣物的增减。由于产后出汗多，这时妈妈应该多备一些内衣裤，感觉出汗太多的时候要立刻把衣服换下来，以防着凉。另外，妈妈还要注意的是，如果自己有夜里蹬被子的情况，最好穿着睡衣和袜子睡觉，以免着凉。

宝宝：最好趁醒着洗澡

新生儿在出生3天后就可以洗澡了，一般建议一周洗一次即可。最好在上午9~10点，宝宝吃奶前一个小时到一个半小时，醒着的状态洗澡。如果是冬天，开足暖气，室温要在26~28℃，洗澡时间以10分钟为宜，水温在37~38℃，方法如下：

1

左臂和身体轻轻夹住宝宝，左手托住宝宝的头部，并用左手拇指、中指从宝宝耳后向前压住耳郭，以盖住耳孔，防止洗澡水流入。用小毛巾蘸水，从眼角内侧向外轻拭双眼、嘴、鼻、脸及耳后，以少许婴儿洗发液洗头部，然后用清水洗干净，擦干头部。

2

依次洗颈部、上肢、前胸、腹部，再洗后背、下肢、外阴、臀部等处，注意皮肤褶皱处也要洗净。

3

洗完后用浴巾把水分擦干。也可以给宝宝涂上润肤油，做按摩抚触。

注意：脐带没脱落，或脱落后没有长好，可以贴上护脐贴，再将宝宝放到水中洗澡，防止脐带进水；如果不慎进水，要用75%的酒精擦洗脐带。

爸爸：密切注意妻子伤口愈合情况

产后第7天，剖宫产妈妈的伤口敷料已去除，伤口应无红肿。爸爸应密切注意妻子伤口的愈合情况，如果伤口周围皮肤红红的，这种情况可能是瘢痕体质，或者对手术缝合线过敏造成的，应该请医生进行检查。

月子会所黄金套餐

红糖小米粥　煮鸡蛋　豆浆　菜包

清蒸乳鸽　荷塘小炒　麻油菠菜　金针菇豆腐鸭血汤　赤豆元宵

南瓜饭　白灼芥蓝　番茄牛腩煲　枸杞甲鱼汤　木瓜红枣汤

除瘀补血营养餐

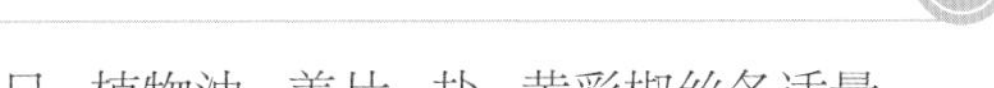

清蒸乳鸽

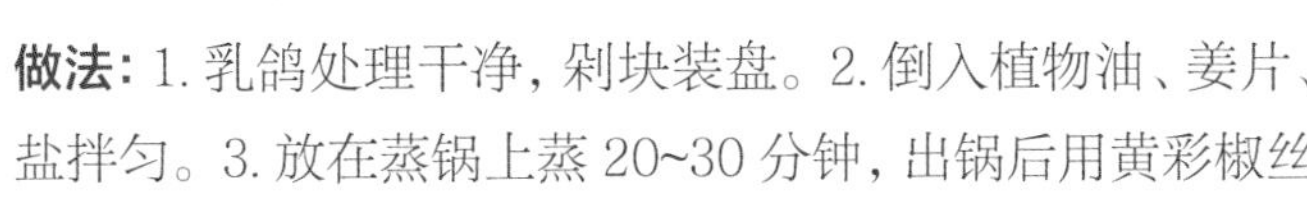

原料：乳鸽半只，植物油、姜片、盐、黄彩椒丝各适量。

做法：1. 乳鸽处理干净，剁块装盘。2. 倒入植物油、姜片、盐拌匀。3. 放在蒸锅上蒸 20~30 分钟，出锅后用黄彩椒丝点缀即可。

功效：鸽肉高蛋白质，低脂肪，且消化吸收率，与鸡、鱼、牛、羊肉相比更高。鸽肉所含的造血用的微量元素也很丰富，可补益气血，适合产后体虚的新妈妈食用。

荷塘小炒

原料：莲藕 100 克，胡萝卜、荷兰豆各 50 克，干黑木耳、盐、植物油各适量。

做法：1. 干黑木耳洗净，泡发后洗净备用；荷兰豆择洗干净；莲藕洗净，去皮，切片；胡萝卜洗净，去皮，切片。2. 胡萝卜、荷兰豆、黑木耳、莲藕片入加盐的沸水略焯，捞出沥干。3. 油锅烧热，倒入所有食材翻炒出香味，加盐调味即可。

功效：莲藕不仅可以提高食欲，助消化，还可清除腹内积存的瘀血，促进伤口愈合。

金针菇豆腐鸭血汤

原料：金针菇 100 克，豆腐 1 块，鸭血、植物油、姜片、盐、黄彩椒丝各适量。

做法：1. 金针菇洗净焯水；豆腐切块；鸭血汆水备用。2. 油锅烧热，爆香姜片，加水，放入豆腐块、鸭血、金针菇，焖煮 15 分钟。3. 锅中加盐调味，出锅后用黄彩椒丝点缀即可。

功效：豆腐有生津润燥之效，并且富含优质蛋白质；鸭血能满足新妈妈对铁质的需求；金针菇可促进代谢、增强记忆力。

促伤口愈合营养餐

番茄牛腩煲

原料：牛腩 300 克，番茄 3 个，花椒、干辣椒、葱段、八角、料酒、老抽、盐、白糖、生抽、姜片、蒜末、植物油各适量。

做法：1. 牛腩切块，入加了料酒的沸水，去腥去血沫，洗净；番茄洗净，切块。2. 油锅烧热，爆香葱段、姜片、蒜末、花椒、八角和干辣椒，倒入牛腩块翻炒片刻。3. 倒水没过牛腩块，加老抽和生抽，小火炖至牛腩上色，捞出。4. 另起油锅，放入番茄块翻炒，倒入牛腩块，加水、白糖和盐，小火炖至牛腩熟透即可。

功效：此菜对产后新妈妈的组织修复、伤口愈合有促进作用。

白灼芥蓝

原料：芥蓝 250 克，枸杞、蒜泥、姜丝、酱油、白糖、盐、植物油各适量。

做法：1. 芥蓝洗净；酱油、白糖、姜丝、盐加水混合成料汁。2. 芥蓝倒入加了植物油的沸水焯烫，捞出过凉水，沥干后放入盘中。3. 将蒜泥、枸杞放在芥蓝上，料汁烧开浇在芥蓝上，植物油烧热，浇在蒜泥上即可。

功效：芥蓝富含胡萝卜素、维生素 C、钙、钾等营养素，可改善产后新妈妈食欲不振的状况，提高新妈妈的免疫力。

枸杞甲鱼汤

原料：甲鱼 1 只，枸杞 20 颗，干红枣 10 颗，姜片、盐各适量。

做法：1. 甲鱼处理干净，切块；枸杞、干红枣分别洗净。2. 甲鱼放入砂锅内，加水，放入姜片炖 40 分钟。3. 放入枸杞、干红枣再炖 20 分钟，出锅前加盐调味即可。

功效：甲鱼富含优质蛋白质，能够增强身体抗病能力，调节内分泌功能，也是提高母乳质量的滋补佳品。

产后第 2 周

恢复期

本周饮食重点

经过一周的调理，新妈妈分娩时的伤口基本已经愈合。此周是子宫、骨盆收缩的关键期。由于新妈妈的体力慢慢恢复，胃口也明显好转，本周可以增加一些补养气血的温和食材来调理身体，促进伤口愈合。但是由于前 2 周恶露尚未排除干净，也不宜大补。

宜循序渐进催乳

新生儿的母乳需求量是逐渐增加的，随着新妈妈雌性激素的下降，泌乳素逐渐增加，加上身体的恢复和宝宝频繁吮吸刺激，一般情况下母乳也会逐渐增加。新妈妈产后进补催乳，应根据生理变化的特点循序渐进，不宜操之过急，在肠胃功能恢复、乳腺通畅后，可多喝一点下奶汤，但不要食用大量油腻的催乳食物。

宜多吃蔬菜水果

顺产妈妈因为会阴部伤口、剖宫产妈妈因为腹部伤口的疼痛，常常运动不足，容易造成肠胃蠕动变慢，甚至便秘。蔬菜和水果富含维生素、矿物质和膳食纤维，可促进肠胃功能的恢复，有效预防、缓解便秘，所以本周妈妈们可以逐渐地增加蔬菜及水果的分量。

宜多喝白开水

产后妈妈常有多汗、多尿的情况，哺乳妈妈身体排出的水分更多，每天会损失大约 1000 毫升的水分。如果新妈妈体内的水分不足，不仅可能出现生理性脱水，还会减少母乳量，从而影响宝宝的健康。而且人体所有的生化反应都溶解在水中，同样，废物的排出也必须要有水溶液才能进行。因此，新妈妈每天喝水不能少于 3000 毫升。

当季新鲜水果买回家后应在常温下保存，冬天可将水果蒸热后再给新妈妈食用。

忌过量大补

产后第 2 周，家人通常都会给新妈妈大补特补，新妈妈少不了要吃一些燥热的补品、药膳，此时切记不能过量。食用过多补品、药膳，会引起内热，导致新妈妈上火，还会打乱身体的饮食平衡，引发一些疾病，影响新妈妈的产后恢复。

忌吃味精、鸡精

味精、鸡精的主要成分是谷氨酸钠，对 12 周以内的宝宝十分不利。如果哺乳妈妈食用过多味精、鸡精，谷氨酸钠就会通过乳汁进入宝宝体内，导致宝宝出现味觉差、厌食等症状，还会造成智力减退、生长发育迟缓、性晚熟等不良后果。因此，哺乳妈妈在 3 个月内应不吃味精、鸡精。

忌立即吃阿胶补血

阿胶是补血止血的佳品，但是新妈妈产后需要排尽体内恶露，如果急于吃阿胶，容易造成恶露不尽。最好在恶露彻底排尽后，过半个月再吃。

新老观念对对碰

是否应该多喝红糖水

✗ **老观念：**月子里要多喝红糖水	✓ **专家说：**红糖水喝多了不好

在物资匮乏的年代，红糖是非常好的补品，有利于暖宫，促进恶露排出。现在医学发达了，有很多方法可以促进恶露排出，如果已经采取了相关措施，就无须再喝红糖水。新妈妈可在分娩后的 10 天内适量饮用红糖水。另外，红糖水应煮开后饮用，不要用开水一冲即饮。

妈妈：水肿瘀血渐渐消失

分娩后，阴道变得松弛，阴道周围组织和阴道壁出现水肿，瘀血呈紫红色。如果没有严重的损伤，产后1周内，水肿和瘀血就可渐渐消失，组织的张力逐渐恢复。若想要恢复到孕前的水平，最好能结合产后锻炼。但是要避免过早劳动，特别是体力劳动，这会引起阴道壁膨出及子宫脱垂。

宝宝：私处清洗护理

男女宝宝由于生理特点的差异，在清洗护理方面有所区别，新妈妈和家人应该引起重视。

	步骤一	步骤二	步骤三
男宝宝	轻轻抬起阴茎，用一块软纱布轻柔蘸洗根部。	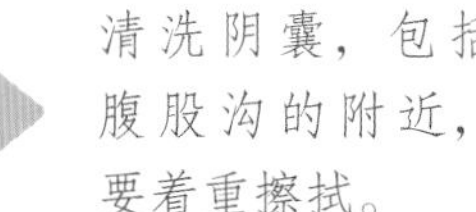 清洗阴囊，包括腹股沟的附近，要着重擦拭。	轻轻捏着阴茎中段，朝宝宝身体方向轻柔地向后推包皮，然后在清水中轻轻擦洗。
女宝宝	用干净纱布由上向下、由内向外擦洗大腿根部的皮肤褶皱。	由前向后，擦洗阴部。	用干净纱布清洁宝宝肛门、屁股以及大腿处。

爸爸：上班前安排好如何伺候月子

新爸爸的产假时间比较短，休完产假后就要恢复正常的上班时间。然而，此时新妈妈的身体还比较虚弱，宝宝也非常需要人照顾。如果是在家坐月子，新爸爸要考虑如何伺候月子，是请月嫂还是找双方的父母，都要提前安排好，不要到时候手忙脚乱。

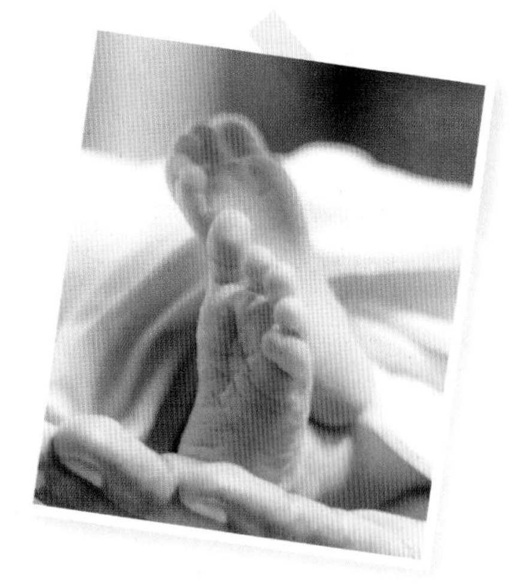

月子会所黄金套餐

8:00
黑米花生粥
香菇青菜
煮鸡蛋
10:00
玉米馒头
牛奶
12:00
茄汁海鲜菇
芹菜豆干肉丝
西蓝花胡萝卜炒肉片
山药公鸡汤
15:00
红薯
玫瑰茉莉花茶
18:00
黄豆糙米饭
炒空菜心
山药炒秋葵
干烧黄鱼
玉米排骨汤
21:00
冲葛根粉

健脾开胃营养餐

茄汁海鲜菇

原料： 番茄1个，海鲜菇250克，白糖、盐、葱花、植物油各适量。

做法： 1. 番茄洗净，去皮切块；海鲜菇去根洗净，切块，焯水后捞出沥干。2. 油锅烧热，放入番茄块煸炒出汁，加白糖，搅拌均匀。3. 倒入海鲜菇，加盐翻炒均匀，汤汁收至浓稠时撒上葱花即可。

功效： 海鲜菇营养丰富，含蛋白质、维生素及多种矿物质，能润肠胃，搭配酸甜的番茄，让新妈妈胃口大开。

西蓝花胡萝卜炒肉片

原料： 猪瘦肉、西蓝花各100克，胡萝卜半根，植物油、姜片、盐各适量。

做法： 1. 西蓝花洗净，掰小朵；胡萝卜洗净，切片；猪瘦肉洗净，切片。2. 将胡萝卜片和西蓝花焯水捞出，用冷水冲洗备用。3. 油锅烧热，爆香姜片，倒入肉片翻炒至变色，倒入西蓝花朵、胡萝卜片炒熟，加盐调味即可。

功效： 西蓝花和胡萝卜富含维生素，能够促进子宫细胞生长，维护卵巢健康。

山药公鸡汤

原料： 公鸡半只，山药100克，枸杞20颗，盐、姜片各适量。

做法： 1. 公鸡处理干净，切块；山药洗净，去皮，切成滚刀块；枸杞洗净。2. 汤锅内倒入鸡块、姜片和水，大火烧开，转小火炖1个小时。3. 放入山药块和枸杞，再炖20分钟左右，加盐调味即可。

功效： 山药可以健脾胃，公鸡能促进乳汁分泌，这道鸡汤是新妈妈产后恢复、催乳的不错选择。

祛瘀消肿营养餐

干烧黄鱼

原料：黄鱼 200 克，鲜香菇 4 朵，五花肉 50 克，姜片、葱段、蒜片、酱油、白糖、盐、植物油各适量。

做法：1. 黄鱼去鳞去内脏，洗净；鲜香菇洗净，切小丁；五花肉洗净，切丁。2. 油锅烧热，放入黄鱼，双面煎炸至微黄色。3. 另起油锅，放入肉丁和姜片，小火煸炒，再放入除盐以外的所有原料，加水烧开，转小火烧 15 分钟，加盐调味即可。

功效：黄鱼营养丰富，脂肪含量低，还有助于消除产后水肿。

山药炒秋葵

原料：山药、秋葵各 100 克，植物油、姜末、盐各适量。

做法：1. 山药洗净，去皮切块；秋葵洗净，去蒂斜切。2. 油锅烧热，爆香姜末，放入山药和秋葵，翻炒 2 分钟。3. 出锅前加盐调味即可。

功效：山药能补气健脾、清胃顺肠，是产后体虚新妈妈的滋补佳品；秋葵有清热解毒、润燥滑肠的作用。

玉米排骨汤

原料：玉米 1 根，猪排骨 150 克，姜片、盐各适量。

做法：1. 玉米洗净切小段；猪排骨剁成段，汆水后捞出备用。2. 锅里放入猪排骨、姜片，并加适量水，大火烧开。3. 转小火，放入玉米段，煮 40~60 分钟，加盐调味即可。

功效：排骨汤中含有人体必需的多种氨基酸，玉米富含膳食纤维，可以利尿降压，促进新陈代谢，两者同食，营养均衡且有利于新妈妈的身体恢复。

第9天

妈妈：恶露由鲜红变为浅红

产后第1周，恶露的量较多，颜色鲜红，含有大量的血液、小血块和坏死的蜕膜组织，称为“红色恶露”。1周以后至半个月内，恶露中的血液量减少，较多的是坏死的蜕膜、宫颈黏液、阴道分泌物及细菌，使得恶露变为浅红色的浆液，此时的恶露称为“浆性恶露”。

如果本周恶露仍然为血性、量多、伴有恶臭味，有时排出胎膜样物质，说明子宫复旧很差，应立即去医院诊治，在医生的指导下进行调理。如果新妈妈有发热、下腹疼痛、恶露增多并伴有臭味等症状，应考虑为产褥期感染，同样要及时就医。

宝宝：容易溢奶

由于宝宝的胃容量小，且贲门肌肉不发达，喝完奶之后容易溢奶，特别是喝完之后躺下的时候。此外，宝宝喝奶时咽下太多空气也会导致溢奶。溢奶是正常现象，对宝宝的成长并无影响，不过经常溢奶会使宝宝感觉难受，妈妈可以通过以下几个方法防止宝宝溢奶。

宝宝喝完奶之后，不要立刻放在床上躺下，最好是竖着抱起宝宝，轻拍后背，即可把咽下的空气排出来，也就是听见宝宝打嗝的声音。喝完奶后，放宝宝睡觉时应尽量把上半身抬高，采用侧卧位，可防止奶汁误入呼吸道引起窒息，减少溢奶。

爸爸：及时清洗奶具

宝宝的奶具用完后最好立即清洗干净，不要等到消毒的时候才清洗。附着在瓶壁的剩余奶液久置后会固着在瓶壁上，不容易清洗干净。清洗奶具时，可用专门的刷洗工具；刷洗时注意瓶口螺纹处；奶嘴和奶嘴座需拆开；不要用洗洁精等有化学成分的去污产品清洗奶具。

月子会所黄金套餐

秘制鲜虾粥　青椒土豆丝　+　酒酿蛋花羹

肉末炒豇豆　彩椒烧鸭肫　时令水果

糖醋带鱼　党参鸽子汤　+　紫菜馄饨

黑米饭　香菇青菜

板栗烧鸡　红枣猪肚汤　+　红豆汤

促排恶露营养餐

糖醋带鱼

原料：带鱼2条，生抽、醋、白糖各1勺，姜丝、盐、玉米淀粉、植物油、水淀粉各适量。

做法：1.带鱼去头、尾，洗净切段，用盐腌20分钟。2.腌好的带鱼擦干，裹上玉米淀粉。3.油锅烧至七成热，下入带鱼，炸至金黄后捞出。4.留底油，放入姜丝爆香，倒入适量开水，调入其他调料，大火烧开，下入带鱼，翻炒，转中小火炖煮5分钟。5.用水淀粉勾芡，大火收汁，煮至浓稠即可。

功效：带鱼富含蛋白质等营养物质，能够给新妈妈补充体力。

肉末炒豇豆

原料：猪肉末50克，豇豆100克，植物油、姜片、盐各适量。

做法：1.豇豆洗净，切小粒。2.油锅烧热，爆香姜片，倒入猪肉末煸炒至肉变色，盛出备用。3.锅留底油，倒入豇豆煸炒，放入猪肉末和适量水，将食材焖熟，汤汁收干时加盐调味即可。

功效：由于分娩时失血和产后虚弱，新妈妈需要补充足量的铁，以促进身体恢复，猪肉含有丰富的铁元素，有助补血；豇豆含有维生素和膳食纤维，可促进肠胃蠕动。

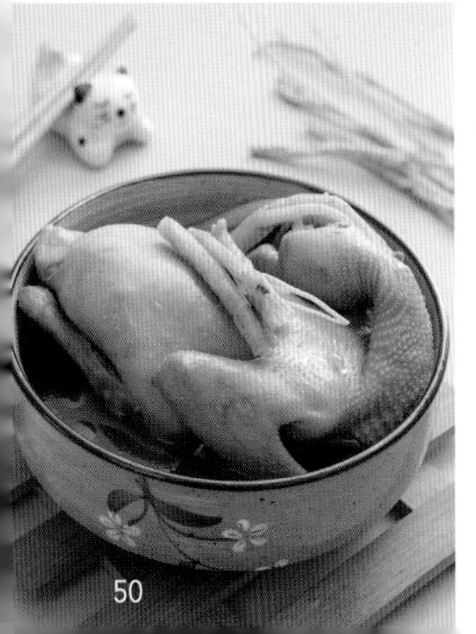

党参鸽子汤

原料：乳鸽1只，党参2克，姜片、盐各适量。

做法：1.乳鸽处理干净，放入冷水锅中煮沸，撇去浮沫；党参洗净。2.将姜片和党参一起放入锅中，大火煮开，转小火煲1个小时。3.加盐调味即可。

功效：乳鸽是高蛋白、低脂肪的滋补佳品，营养丰富，可加快伤口愈合，促进恶露排出。

补气养血营养餐

秘制鲜虾粥

粥

原料： 对虾 250 克，大米 80 克，盐、姜丝、植物油各适量。

做法： 1. 大米淘洗干净，浸泡 30 分钟；对虾洗净，去头去壳去虾线，汆熟捞出备用；虾头剪开，冲洗掉里面黑色部分，用厨房纸吸干。2. 油锅烧热，放入虾头炸虾油，炸至虾油红亮，过滤后放在碗中备用。3. 将大米放入砂锅，加适量水，大火煮开后转小火慢熬 1 小时，放入虾肉和姜丝，加盐调味，倒入虾油小火煮 5 分钟即可。

功效： 虾的通乳作用较强，对产后乳汁分泌不畅的新妈妈尤为适宜。

板栗烧鸡

菜

原料： 鸡腿肉 150 克，板栗 100 克，植物油、姜片、老抽、白糖、盐、青椒丝各适量。

做法： 1. 鸡腿肉洗净切块，汆水后捞出备用；板栗煮熟，剥壳去衣。2. 油锅烧热，爆香姜片，倒入鸡块翻炒，鸡块表面微黄后加老抽、白糖和板栗，倒入开水，大火烧开后转小火，盖上锅盖，煮 20 分钟左右。3. 大火收汁，加盐调味，放上青椒丝点缀即可。

功效： 鸡肉是高蛋白、低脂肪的食材，非常适合产后滋补身体，与板栗同食，可为新妈妈补气补血。

红枣猪肚汤

汤

原料： 猪肚 150 克，干红枣 10 颗，姜片、盐各适量。

做法： 1. 干红枣洗净去核。2. 猪肚处理干净，切丝，汆水后捞出备用。3. 将猪肚丝、干红枣、姜片放入砂锅中，加适量水，小火煲 40~60 分钟，加盐调味即可。

功效： 红枣有补气生血的功效，和猪肚炖汤食用，可帮助新妈妈健脾益胃、补虚益气。

第10天

妈妈：多喝汤汤水水

第2周开始，新妈妈的乳汁分泌得更加顺畅。其实大部分新妈妈的奶水对宝宝来说是充足的，关键是要坚持让宝宝吮吸，尽量排空乳房，使乳汁分泌顺畅，这样还有利于赶走乳房的胀痛问题。如果乳汁不足，可尝试加强宝宝的吮吸，并适当多吃一些催乳的食物。

饮食中添加一些汤水，如猪蹄汤、鱼汤之类的高蛋白汤水，有助于乳汁分泌。如果乳汁仍不足，可考虑混合喂养，即母乳和配方奶相结合。配方奶粉需要按照月龄给宝宝喝，并且要严格按照配方说明进行冲调，过浓和过稀都不利于宝宝的健康。

宝宝：黄疸自然消退

足月的宝宝一般在出生后10天左右黄疸消退，最迟不超过出生后2周，早产儿可延迟到出生后3~4周退净。如果黄疸消退超过了正常时间，或者退后又重新出现，均属于不正常，需要及时治疗。

患有母乳性黄疸的宝宝，黄疸时间会持续2个月左右，以非结合胆红素升高为主，无临床症状。母乳性黄疸往往只是生理性黄疸的延续，是正常现象，不是疾病、综合征，更不是母乳喂养的拦路虎，只要血清胆红素水平未达到需要干预的阈值（15 mg/dl），就不要轻易停止哺乳，即使在黄疸治疗期间仍应继续母乳喂养。

爸爸：勤给宝宝洗小屁股

新生儿一般排便次数多，且没有规律。由于宝宝皮肤很娇嫩，被潮湿且脏的纸尿裤包裹之后，皮肤容易发红且发生皮疹，严重时还可能发生溃烂。所以，在宝宝解完大小便之后，爸爸可以用温水冲洗宝宝臀部，勤换纸尿裤，减少潮湿的纸尿裤对皮肤的刺激，保持皮肤清洁且干爽。洗完之后，可以给皮肤发红的地方涂一些护臀霜，可起到护臀的作用。

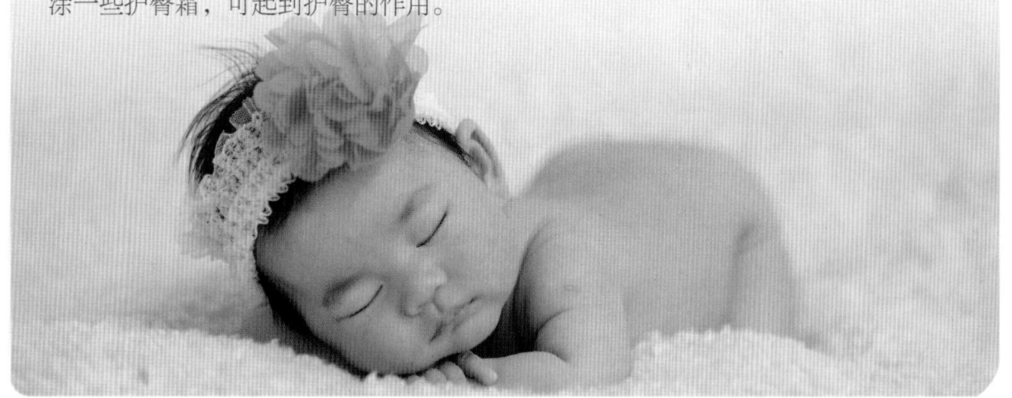

月子会所黄金套餐

紫菜馄饨 豆浆 水果燕窝

蚝油生菜 松仁玉米 彩椒炒牛柳 黄颡鱼豆腐汤 时令水果

香煎鳕鱼 麻油腰花 海带鸭肉汤 黄瓜炒鸡蛋 银耳莲子汤

缓解失眠营养餐

彩椒炒牛柳

原料：牛柳 100 克，黄彩椒 1 个，植物油、姜片、盐各适量。

做法：1. 黄彩椒去蒂去子，洗净，切条备用；牛柳洗净，备用。2. 油锅烧热，爆香姜片，放入牛柳，滑炒至牛柳变色。3. 放入黄彩椒翻炒 5 分钟，加盐调味即可。

功效：牛肉滋补强体，可为新妈妈增强体力，缓解产后疲倦；彩椒中含有维生素 C，不仅能促进对牛肉中铁的吸收，还能增强免疫力。

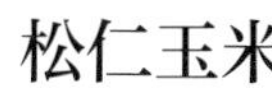

松仁玉米

原料：鲜玉米粒 150 克，松仁 5 克，盐、植物油各适量。

做法：1. 鲜玉米粒、松仁分别洗净。2. 油锅烧热，放入松仁翻炒片刻，盛出。3. 另起油锅，倒入鲜玉米粒翻炒，出锅前加盐调味，撒上熟松仁即可。

功效：玉米含有丰富的矿物质，其富含的膳食纤维具有刺激肠蠕动、防便秘的作用；松仁可益智安神，对新妈妈失眠多梦有一定的缓解作用。

黄颡鱼豆腐汤

原料：黄颡鱼 1 条（约 150 克），豆腐 50 克，植物油、姜片、盐各适量。

做法：1. 黄颡鱼处理干净；豆腐切成小块。2. 油锅烧热，爆香姜片，放入黄颡鱼略煎。3. 锅中加适量热水烧开，倒入豆腐块，转小火慢炖 40 分钟，加盐调味即可。

功效：黄颡鱼肉质细嫩，味道鲜美，对脾胃和五脏有益。豆腐中的植物蛋白和钙质丰富，且与黄颡鱼中的动物蛋白互补，可增强新妈妈的体质。

增强体质营养餐

黄瓜炒鸡蛋

原料： 黄瓜 1 根，鸡蛋 1 个，植物油、盐各适量。

做法： 1. 黄瓜洗净，先斜切成段，再将黄瓜段切面朝下切成薄片；鸡蛋打散。2. 油锅烧热，倒入鸡蛋液，待鸡蛋液炒至凝固，铲成块状，盛出备用。3. 锅内留底油，倒入黄瓜片翻炒 1 分钟，加盐调味，再加入炒好的鸡蛋，翻炒均匀即可。

功效： 鸡蛋可补气血，富含的 B 族维生素有助安抚新妈妈的情绪；黄瓜利尿消肿，还可改善新妈妈产后皮肤干燥的情况。

香煎鳕鱼

菜

原料： 鳕鱼肉 200 克，柠檬半个，盐、小番茄、荷兰豆、浓缩柠檬汁、水淀粉、白糖、黑胡椒粉、植物油各适量。

做法： 1. 柠檬切出一片；鳕鱼肉洗净，切块，挤入适量柠檬汁，用盐腌 15 分钟；荷兰豆择洗干净，焯水；小番茄洗净，对半切开，焯水，捞出沥干。2. 混合浓缩柠檬汁、白糖、水，小火煮 3 分钟，用水淀粉勾芡，制成调味汁。3. 油锅烧热，放入鳕鱼块，两面煎至金黄面，盛出与荷兰豆、小番茄、柠檬片摆盘，淋上调味汁，撒上黑胡椒粉即可。

功效： 柠檬可增强食欲，鳕鱼含有丰富的蛋白质，且几乎不含脂肪，热量低，肉质细嫩易消化，特别适合产后食欲不振的新妈妈食用。

麻油腰花

汤

原料： 猪腰 1 只，芝麻油、姜片、盐各适量。

做法： 1. 猪腰洗净，将里面的白色筋膜剔除干净，然后在猪腰表面切十字花刀，再切成 3 厘米宽的片。2. 锅中倒入芝麻油，小火加热后爆香姜片。3. 转大火，放入猪腰片快炒至变色时，加适量水，煮沸后加盐，2 分钟后关火，盛出即可。

功效： 猪腰含有丰富的蛋白质和碳水化合物，产后吃能够快速补充元气，帮助恢复体力，尤其是母乳喂养的新妈妈可以吃一些猪腰补充能量。

妈妈：乳头可能疼痛

很多新妈妈都会经历乳头疼痛的过程，因为怕疼而中断母乳喂养，或者影响心情导致母乳分泌变少，都是很可惜的。为了避免乳头疼痛，应该采取正确的哺乳姿势，将乳头和乳晕一起送到宝宝口中，喂完奶后不要生硬地拽出乳头，应用手指顶着宝宝的嘴边，轻柔地拉出乳头。此外，每次哺乳后要用吸奶器吸出多余乳汁，促使乳腺管畅通。如果出现乳头皲裂，妈妈可在每次哺乳后，挤出一点奶水涂抹在乳头和乳晕上，让奶水中的蛋白质促进破损乳头的修复。

乳头凹陷的妈妈怎么喂奶

在宝宝饥饿时先喂乳头凹陷一侧的乳房，这时吮吸力强，易吸住乳头及大部分乳晕。

采取环抱式或侧坐式哺喂，能较好地固定宝宝头部位置。

如吮吸未成功，可在乳头上罩上特殊人工乳头喂母乳，也可用抽吸法使乳头突出。

宝宝：听到声音有反应

宝宝出生后就能感觉到光的存在，在光线适度的情况下会睁开眼睛。现在，他的听觉已相当灵敏，因为宝宝在妈妈肚子里听惯了妈妈的声音及妈妈的心跳，所以哺乳时会表现得很安静。如果妈妈用声音来吸引宝宝注意时，宝宝已经会有反应了。

爸爸：控制亲友的探视频率

经过一周多的调养，新妈妈的身体已经恢复了些，但还是很虚弱。对于亲朋好友的探望，新爸爸要征求一下妻子的意见，在不打扰宝宝休息、妈妈调理的情况下，有选择地进行接待。

月子会所黄金套餐

8:00：红薯粥、芹菜豆干肉丝、煮鸡蛋

10:00：牛奶、蛋糕

12:00：手撕包菜、麻油腰花、西葫芦胡萝卜肉片、山药鲫鱼汤

15:00：冰糖雪梨汤

18:00：红烧鱼块、银芽里脊丝、番茄鸡蛋面

21:00：藕粉

利水消肿营养餐

手撕包菜

原料：包菜 200 克，植物油、盐、白糖、醋、胡萝卜丝各适量。

做法：1. 包菜一层一层剥开冲洗，浸泡 20 分钟后捞出沥干，撕成小片；胡萝卜丝焯熟，沥干备用。2. 油锅烧热，放入包菜片翻炒。3. 加盐、白糖和醋翻炒至包菜叶变软、呈半透明状，盛出后点缀上胡萝卜丝即可。

功效：包菜富含维生素 C 和膳食纤维，能提高机体免疫力，还可缓解产后便秘。

西葫芦胡萝卜肉片

原料：西葫芦 1 根，胡萝卜半根，猪瘦肉 70 克，植物油、姜丝、盐各适量。

做法：1. 西葫芦、胡萝卜和猪瘦肉分别洗净，切片。2. 油锅烧热，爆香姜丝，放入肉片翻炒，炒至七八成熟时出锅，放入西葫芦片、胡萝卜片翻炒至熟。3. 加入炒过的肉片，加盐翻炒均匀即可。

功效：西葫芦含有丰富的膳食纤维，能促进肠道蠕动，防治便秘，还能通利小便，有很好的消除水肿功效。

山药鲫鱼汤

原料：鲫鱼 1 条，山药 1 段，植物油、姜片、盐、彩椒丝各适量。

做法：1. 鲫鱼处理干净；山药洗净，去皮切块。2. 油锅烧热，爆香姜片，放入鲫鱼煎至两面微黄，再加入适量开水，大火煮至汤呈奶白色。3. 放入山药块，大火煮开后转小火，煮约 40 分钟，加盐调味，放上彩椒丝点缀即可。

功效：山药与鲫鱼炖汤，不但味道鲜美，还具有很强的滋补作用，能帮助新妈妈催乳，此汤还有利水消肿功效。

开胃补虚营养餐

番茄鸡蛋面

原料：番茄 50 克，鸡蛋 1 个，菠菜 30 克，切面、植物油、盐各适量。

做法：1. 番茄洗净，切块；菠菜洗净，焯水后切段；鸡蛋打散。2. 油锅烧热，放入番茄块煸出汤汁，加水烧沸，放切面，煮熟。3. 蛋液、菠菜倒入锅中，用大火再次煮开，出锅时加盐调味即可。

功效：番茄含有丰富的维生素；鸡蛋可以提供优质蛋白质。此面不仅营养均衡，而且偏酸的口感能增强食欲。

红烧鱼块

原料：草鱼 200 克，植物油、姜丝、盐、生抽、蚝油、白糖、醋各适量。

做法：1. 草鱼处理干净后取中段，切成 2 厘米宽的块；生抽、蚝油、白糖和醋调成味汁。2. 油锅烧热，放入鱼块，煎至两面微黄盛起。3. 锅内留底油，爆香姜丝，倒入鱼块，再倒入味汁，加半碗温水，盖锅盖焖煮收汁，加盐调味。

功效：草鱼中含有丰富的蛋白质与不饱和脂肪酸，对于身体虚弱、食欲不振的新妈妈来说，草鱼肉嫩而不腻，可以开胃滋补。

银芽里脊丝

原料：绿豆芽 100 克，猪里脊肉 50 克，胡萝卜丝、植物油、盐各适量。

做法：1. 绿豆芽去头、去尾，洗净；猪里脊肉洗净，切丝。2. 油锅烧热，倒入猪里脊肉丝，快速炒至八成熟后盛出。3. 锅中留底油，加入绿豆芽、胡萝卜丝和猪里脊肉丝翻炒，加盐调味即可。

功效：猪肉富含蛋白质和矿物质，可为新妈妈补益气血；绿豆芽含有丰富的膳食纤维和维生素 C，可以有效缓解产后上火的情况。

妈妈：产后 1~2 周便可洗头

产后新妈妈新陈代谢较快，汗液增多，会使头皮及头发变得很脏，产生异味。洗头可促进头皮的血液循环，增加头发生长所需要的营养物质，避免脱发、发丝断裂或分叉，使头发更密、更亮。

洗头时应注意清洗头皮，但不要使用太刺激的洗发用品，以免引起不适。水温最好在 37℃左右。洗完头后及时用干发毛巾把头发擦干，最好用吹风机吹干，避免着凉。头发未干之前不要睡觉，以免头痛、脖子痛。

在伤口完全愈合之后，妈妈就可以淋浴洗澡了，但要注意“冬防寒、夏防暑、春秋防风”。洗澡水温宜保持在 35~37℃，每次洗澡的时间不宜过长，10 分钟左右即可，洗后尽快将身体擦干，及时穿上衣服后再走出浴室，以防着凉。

宝宝：脐带变黑脱落

爸爸妈妈平时要注意宝宝脐带的颜色，保持宝宝脐带部位干燥，每天消毒局部。一般 2 周以内，宝宝的脐带就会变黑，自动脱落。若 2 周后，脐带还没有脱落，但是也没有红肿或其他感染，可再观察一段时间。如果长期不脱落，须前往医院咨询医生。

如果宝宝脐带已经自然脱落，而肚脐眼发黑，可能只是脱落后，局部瘀血等因素造成的，只要没有明显的渗血或者渗液，继续观察就可以了。如果脐带周围有红肿或分泌物过多的情况，可能是感染，此时要避免局部摩擦及挤压，立即到医院就诊治疗。

爸爸：清洗宝宝衣物

在月子期间，爸爸要主动清洗宝宝的衣物。清洗的时候最好不要用化学洗剂，那样会对宝宝皮肤产生强烈刺激，也不要用洗衣机洗，洗衣机里一般会残留大人衣物上的细菌。建议手洗，用婴儿洗衣肥皂，比较容易清洗干净，也不会有残留。

月子会所黄金套餐

手工鸡蛋饼　豆浆　银耳莲子汤

白灼大虾　酥香茄合　香菇青菜　红枣枸杞炖鸡汤　时令水果

黄豆糙米饭　荸荠炒腰花　虾仁西蓝花　白萝卜排骨汤　红豆汤

预防贫血营养餐

手工鸡蛋饼

原料：鸡蛋 2 个，面粉 50 克，葱花、盐、植物油各适量。

做法：1. 鸡蛋打散，倒入面粉，加适量水、葱花以及盐调匀成面糊。2. 平底锅中倒油烧热，倒入面糊，摊成饼，小火慢煎。3. 待一面煎熟，翻过来再煎另一面至熟即可。

功效：鸡蛋含有丰富的蛋白质、钙等营养素，有利于新妈妈身体的恢复和乳汁质量的提高。

酥香茄合

原料：茄子 1 根，猪瘦肉末 250 克，鸡蛋 2 个，盐、生抽、姜末、生粉、面包糠、植物油各适量。

做法：1. 茄子洗净，切成约 2 厘米的厚片，厚片中间切一切，不要切断；鸡蛋打散备用；猪瘦肉末中倒入姜末、盐和生抽，搅拌上劲成肉馅。2. 把适量肉馅放在茄合中间，茄合正、反两面先裹上生粉，后裹上蛋液，再裹上一层面包糠。3. 油锅烧热，放入茄合炸至两面呈金黄色即可。

功效：猪肉中的铁有助预防产后贫血；茄子富含维生素 P，可以预防牙龈出血，所含的维生素 E 还可以抗衰老。

红枣枸杞炖鸡汤

原料：公鸡 1 只，干红枣、枸杞、姜片、葱段、盐各适量。

做法：1. 公鸡处理干净，汆水去血沫，捞出放入锅中，倒入适量水，煮至鸡肉软烂；干红枣和枸杞洗净。2. 将煮好的公鸡和干红枣、枸杞、葱段和姜片一同放入砂锅，倒入没过食材的水，盖上盖，小火炖煮 1 小时，加盐调味后关火闷 5 分钟。

功效：鸡肉益气补血、滋阴清热，对产后妈妈的气虚、血虚、脾虚、肾虚有良好的改善功效，还能帮助产后新妈妈催乳补益。

补益催乳营养餐

黄豆糙米饭

原料：薏仁 40 克，黄豆 20 克，糙米 100 克。

做法：1. 薏仁、黄豆洗净，浸泡 2 小时；糙米洗净，浸泡 1 小时。2. 将食材放入电饭锅内，加水浸没食材，煮熟即可。

功效：黄豆、糙米、薏仁内的氨基酸互补，且糙米比起大米含更多的维生素和膳食纤维，黄豆能提供优质蛋白质，三者同食能为新妈妈补充膳食纤维，提高新陈代谢，预防便秘。

虾仁西蓝花

原料：虾仁、西蓝花各 100 克，植物油、姜片、盐各适量。

做法：1. 虾仁洗净，沥干；西蓝花洗净，掰小朵，焯水后捞出沥干。2. 油锅烧热，爆香姜片，倒入虾仁翻炒至熟，盛出备用，锅内留底油，放入西蓝花翻炒。3. 将虾仁倒回锅中，翻炒均匀，出锅前加盐调味即可。

功效：虾能提高人体免疫力，还可促进乳汁分泌。这道菜富含维生素、蛋白质和钙质，可补充体力，改善产后妈妈记忆力下降的情况。

荸荠炒腰花

原料：猪腰 1 只，荸荠 10 个，植物油、姜片、生抽、盐各适量。

做法：1. 猪腰洗净，将里面的白色筋膜剔除干净，然后在猪腰表面切十字花刀，再切成 3 厘米宽的片；荸荠洗净，去皮后切片。2. 油锅烧热，放入腰花，翻炒至变色后捞出。3. 另起油锅烧热，爆香姜片，放入腰花爆炒片刻，放入生抽和荸荠，加适量水和盐烹熟即可。

功效：食用荸荠可以帮助新妈妈排除体内毒素，防治便秘；适量食用猪腰，可健胃补腰。

妈妈：乳房胀胀的

坐月子期间，很多新妈妈的乳房会肿胀疼痛得厉害，可以采用按摩法和挤奶法改善这种情况。

按摩法	按摩前用热毛巾做热敷，一只手指端并拢托住乳房，另一只手从乳房根部向乳头方向按摩，双手交替反复进行，同时轻轻拍打、抖动，直至肿胀的乳房变软无硬结，乳汁通畅为止。注意热敷时的温度，防止烫伤皮肤，按摩时用力不可过大，手也不要在皮肤上划动，以免损伤皮肤。
挤奶法	按摩后一部分乳汁可流出，有部分乳汁淤积在乳房及乳头处。此时将大拇指放在离乳头根部2厘米处的乳晕上，其他四指放在拇指的对侧，有节奏地向胸壁挤压放松，如此反复，依次挤压所有的乳窦，直至乳腺管内乳汁全部排出。

宝宝：在睡梦中成长

新生的宝宝正在快速发育期，睡眠是他快速生长的前提，也是头等大事。爸爸妈妈要保证宝宝每天的睡眠时间，在宝宝入睡前，应让宝宝安静下来，给宝宝创造一个良好的睡眠环境，室温要适宜，盖的东西不要太重。

爸爸：定期打扫、消毒房间

坐月子期间，如果新妈妈和宝宝的房间杂乱无章、空气污浊、喧嚣吵闹，就会使新妈妈的身心健康受到很大影响。因此，产后新妈妈的房间一定要安宁、整洁、舒适，这样才有利于新妈妈身体康复。爸爸可以定期打扫、消毒坐月子的房间。要保持卫生间的清洁卫生，随时清除便池的污垢，排出臭气，以免污染室内空气。最后提醒一点，爸爸要监督自己和家人，不要在室内抽烟。

月子会所黄金套餐

凉拌海带丝
煮鸡蛋
薏仁粥
花卷
牛奶
豇豆肉饭
酱烧海参
西葫芦胡萝卜肉片
黑豆腰花汤
木瓜莲子羹
青菜面
五花肉红烧黄鳝
苏打饼干
银耳雪梨露

护腰解乏营养餐

豇豆肉饭

原料：大米80克，猪肉末50克，豇豆5根，植物油、盐各适量。

做法：1. 豇豆洗净，切小粒备用。2. 将猪肉末倒入油锅炒散，放入豇豆粒翻炒，调入适量盐煸炒至断生。3. 大米淘洗干净，放入电饭锅内，加比平时煮饭略少的水，倒入翻炒好的豇豆肉末，拌匀后选择“煮饭”键，煮好即可。

功效：豇豆中含有较多的钾元素，可改善产后精神不振和疲劳，促进产后身体恢复。

酱烧海参

原料：水发海参2个，白糖、水淀粉、酱油、盐、黄彩椒丝、植物油各适量。

做法：1. 水发海参洗净，去肠切片，汆水后捞出。2. 油锅烧热，放入海参，倒入酱油、白糖和盐，中火煨熟海参。3. 用水淀粉勾芡，装盘后点缀上黄彩椒丝即可。

功效：海参的蛋白质含量高，脂肪含量低，适合产后虚弱、消瘦乏力、水肿的新妈妈食用，可改善新妈妈的产后腰酸乏力、困乏倦怠等状况。

黑豆腰花汤

原料：猪腰1只，黑豆20克，姜片、盐、黄彩椒丝各适量。

做法：1. 猪腰洗净，将里面的白色筋膜剔除干净，在猪腰表面切十字花刀，再切成3厘米宽的片；黑豆用温水泡透。2. 猪腰汆水，去血沫后捞出。3. 另取一炖盅，放入猪腰、黑豆、姜片和适量水，加盖小火炖约1小时，加盐调味，盛出装饰上黄彩椒丝即可。

功效：此汤对新妈妈肾虚腰痛、水肿有缓解作用，同时还是产后减肥的佳品。

护肤养颜营养餐

青菜面

主食

原料：青菜100克，胡萝卜丝、面条、植物油、盐各适量。

做法：1. 青菜洗净，焯熟后盛出备用；胡萝卜丝焯熟，捞出沥干，备用。2. 锅内倒水烧开，放入面条和植物油，煮熟后加盐。3. 面条盛出后摆上青菜，放上胡萝卜丝即可。

功效：青菜面易消化吸收，可调节新妈妈的肠胃。同时，此面富含碳水化合物，可以帮助新妈妈补充能量、恢复体力。

五花肉红烧黄鳝

菜

原料：黄鳝段100克，带皮五花肉70克，植物油、生抽、老抽、姜片、盐各适量。

做法：1. 黄鳝段洗净；五花肉洗净切块，汆水后捞出备用。2. 油锅烧热，爆香姜片，放入五花肉块煸炒，炒出油时加生抽和老抽。3. 加水没过食材，放入黄鳝段，烧开后转中小火，煮30~40分钟，加盐调味即可。

功效：此菜可以帮助产后新妈妈补充体力，黄鳝还能有效帮助新妈妈改善记忆力。

银耳雪梨露

汤

原料：雪梨1个，干银耳3克，枸杞10颗，冰糖适量。

做法：1. 雪梨洗净，去皮切块；干银耳泡发洗净，去蒂撕成小朵。2. 银耳放入锅内，加适量水煮40分钟。3. 加雪梨块、枸杞再煮10分钟，加冰糖调味即可。

功效：银耳对新妈妈的皮肤有很好的养护功效，能改善妊娠纹，雪梨更有清热滋阴之效。

第14天

妈妈：注意保护眼睛

坐月子期间，除了待在室内照顾宝宝和自己，妈妈基本无事可做，刷手机、看电视、玩平板电脑成了妈妈打发时间的方式。这有利于妈妈排解郁闷、放松心情，减少产后抑郁的发生。但产后眼部的保养也非常重要。妈妈要避免产后眼睛疲劳，注意保持正确的用眼习惯，每隔 15 分钟左右休息一会儿。

另外，坐月子期间，妈妈可不能流泪。此时因为伤心生气而流泪，容易导致肝气不足。而肝脏对于眼睛的影响很大，如果在月子里总是哭，那么以后容易出现视力下降等情况，造成对眼睛的伤害。有时间的话，可以做一做眼保健操。同时，应该经常吃些动物的肝脏以及黄绿色蔬菜，这些食物中富含维生素 A 和胡萝卜素，能使眼睛明亮。

宝宝：喝完奶满足地笑

宝宝的面部表情开始丰富了，时不时就歪歪小嘴偷着乐。新手爸妈可以多逗宝宝笑，在他醒的时候给他一个微笑，轻轻地呼唤他的小名，宝宝会感觉很快乐。当然，最快乐的时候还是喝奶的时候，宝宝在喝完奶感到满足的时候，也会露出甜甜的笑。

逗宝宝的时候，爸爸妈妈可能会发现，他的眼睛不是一直都直视前方。这是因为新生宝宝不会同时使用两只眼睛，所以影像在两眼视网膜上的落点不相同，导致宝宝对距离的感知能力不佳。等宝宝学会让头跟眼睛都保持静止，看到的影像就会变得比较清楚，对距离的感知能力也会改善，宝宝注视你的时间就会比较持久。这种双眼视力约在宝宝 6 周大时开始发展，4 个月大之前就能完全确立。

爸爸：支持妻子的决定

在照顾月子和宝宝方面，老人们非常喜欢用自己的经验讲道理，由于两代人的观念差异，以及很多过时的建议，妻子可能会和他们产生分歧和矛盾。这个时候，爸爸不要只站在一旁默不作声，要站在妻子的阵营，支持她。要知道，夫妻关系是家庭关系的核心。但父母或岳父母也绝不是“敌人”，他们也在用自己的方式爱护宝宝。

月子会所黄金套餐

板栗红枣粥
煮鸡蛋
芝麻汤圆
芥蓝炒牛柳
芋头烧肉
炒空心菜
苹果玉米汤
酒酿蛋花羹
香菇青菜
大煮干丝
毛豆烧仔鸡
南瓜饭
木瓜莲子羹

润肠通便营养餐

芋头烧肉

原料：五花肉 150 克，芋头 100 克，植物油、姜片、生抽、老抽、白糖、盐各适量。

做法：1. 芋头洗净，去皮切块；五花肉洗净，切块。2. 油锅烧热，爆香姜片，放入五花肉翻炒至出油，加白糖，倒入生抽、老抽，给五花肉上色。3. 锅内倒入开水，放入芋头，小火炖约 30 分钟，加盐后炖至食材软烂，大火收汁即可。

功效：坐月子时食用芋头，有调脾胃、提高免疫力的作用，芋头还含有丰富的膳食纤维，可以促进肠胃蠕动，润肠通便。

芥蓝炒牛柳

原料：芥蓝 100 克，牛里脊肉 75 克，胡萝卜丝、植物油、姜片、生抽、蚝油各适量。

做法：1. 芥蓝去叶留梗，洗净切条，焯水后捞出备用；牛里脊肉洗净，切条备用；胡萝卜丝焯熟后捞出沥干。2. 油锅烧热，爆香姜片，倒入芥蓝梗略炒至断生，盛起备用。3. 锅内留底油烧热，放入牛肉划散，炒至牛肉变色，倒入生抽，将芥蓝回锅同炒，放入蚝油翻炒均匀，装盘，点缀胡萝卜丝即可。

功效：牛肉的蛋白质含量很高，脂肪含量却很低，可以使新妈妈在补充能量的同时，不必担心产后肥胖的问题。

苹果玉米汤

原料：苹果 1 个，玉米半根。

做法：1. 苹果洗净，去皮去核，切块；玉米洗净，切段。2. 将苹果块和玉米段放入锅中，加适量水，大火煮开。3. 转小火煲 40 分钟即可。

功效：玉米富含膳食纤维，可促进肠胃蠕动，防治便秘；苹果有很强的饱腹感，适合产后身体恢复期的新妈妈食用。

补肝明目营养餐

南瓜饭

主食

原料： 南瓜、米饭各 150 克，白糖、植物油各适量。

做法： 1. 南瓜洗净，切丁。2. 油锅烧热，放入南瓜丁煎制，直至南瓜丁边缘稍焦黄，加少许水、白糖，加热至南瓜变软后出锅。3. 米饭中放入煮熟的南瓜即可。

功效： 南瓜含有丰富的胡萝卜素，对眼睛有益；南瓜还富含膳食纤维，能促进肠道蠕动。

毛豆烧仔鸡

菜

原料： 仔鸡半只，毛豆（去壳）50 克，植物油、姜片、老抽、盐各适量。

做法： 1. 仔鸡处理干净，切块；毛豆洗净。2. 油锅烧热，爆香姜片，放入仔鸡块，加老抽和适量水，用中小火炖 30 分钟。3. 将毛豆、盐放入锅中，炖至毛豆熟烂，汤汁收浓即可。

功效： 毛豆富含膳食纤维，可促进胃肠道蠕动；鸡肉中含有丰富的优质蛋白质，很容易被人体吸收利用，适合产后虚弱、贫血的新妈妈食用。

大煮干丝

菜

原料： 扬州大白干 1 块，鸡丝、香菇丝、笋丝、黑木耳丝各 25 克，盐适量。

做法： 1. 大白干切成细丝，焯水后捞出备用。2. 锅中倒入适量水煮开，放入鸡丝、香菇丝、笋丝和黑木耳丝煮 3 分钟。3. 加干丝继续煮 2 分钟，加盐调味即可。

功效： 豆干富含蛋白质和钙，有助于强化骨质，对产后缺钙引起的腰酸背痛有一定的缓解作用。

产后第 3 周

催乳期

本周饮食重点

进入产后第3周，新妈妈的身体逐渐恢复。但仍需要通过饮食调理达到增强体质、滋补元气、促进乳汁分泌的目的。此阶段，各种营养素都应均衡摄取，尽量做到食物种类丰富多样，荤素食材健康搭配。就新妈妈自身来说，尽量不偏食、不挑食。

宜催乳为主，补血为辅

宝宝对母乳的需求量增大，催乳成为新妈妈当前进补最主要的目的。哺乳期大概为一年的时间，所以产后初期保证良好的乳汁分泌和乳腺畅通，会给整个哺乳期提供保障。恶露虽然已经排得差不多了，但是这些天的大量失血，新妈妈的身体状况也发出“警报”，总感觉疲劳乏力，提不起精神来，醒来后偶尔还有眩晕的感觉。缺血使产后新妈妈的身体失去了活力，所以不可忽视补血。本周食物的特点是既要促进乳汁分泌、又要补充精血。

宜适当加强进补

分娩给新妈妈的身体造成了极大的损耗，不可能在短时间内完全复原，通过前2周的饮食调养，新妈妈会明显感觉有劲儿了。但是要注意，此时仍要注意补充体力，强健腰肾，以避免之后出现腰背疼痛。身体复原较好的新妈妈，本周可以适当加强进补，但仍不要过多食用燥热食物，否则可能会引起乳腺炎、尿道炎、便秘或痔疮等。

宜按时定量进餐

虽然说经过前2周的调理和进补，新妈妈的身体得到了很好的恢复，但是也不要放松对自己的呵护，不要因为照顾宝宝太过于忙乱，而忽视了进餐时间。宝宝经过2周的成长，也培养起了较有规律的作息时间，吃奶、睡觉、拉便便，新妈妈都要留心记录，掌握宝宝的生活规律，相应地安排好自己的进餐时间。如果一时因照顾宝宝而忘记吃饭，饭菜凉了，新妈妈千万不要图省事，一定要重新加热后再吃。

忌只吃一种主食

月子中的主食，新妈妈可以有很多选择，比如：小米适合产后食欲缺乏、失眠的新妈妈；糯米适用于产后体虚的新妈妈；燕麦富含氨基酸，也是不错的补益佳品。主食多样化才能满足人体各种营养需要，使营养吸收达到高效，进而达到强身健体的目的。

忌食用易过敏食物

如果是产前没吃过的东西，尽量不要给新妈妈食用，以免发生过敏现象。在食用某些食物后若产生全身发痒、心慌、气喘、腹痛、腹泻等现象，很可能是食物过敏，要立即停止食用这些食物。食用肉类、动物内脏、蛋类、奶类、鱼类应烧熟煮透，降低过敏风险。

忌吃生冷食物

生冷食物不利于气血的充盈，它们不仅会损害脾胃，影响消化吸收，更会使恶露和瘀血堆积在体内，不易清除。凉拌菜、存放时间较长的剩饭菜，以及刚从冰箱里拿出来的冰冷食物，新妈妈都不应该食用。

新老观念对对碰

坐月子能不能吃水果

✗ **老观念**：水果属于生冷食物，不能吃	✓**专家说**：水果营养丰富，可以吃

对产后新妈妈来说，身体的恢复、乳汁的分泌都需要大量的维生素，尤其是维生素 C，具有止血和促进伤口愈合的作用，食用新鲜水果可以满足妈妈对这些营养素的需求。

第15天

妈妈：偶尔情绪低落

宝宝出生后，新妈妈角色的突然转变、辛苦的哺乳任务、家人关注度的转移……很多因素致使妈妈一时难以接受生活的重大转变，出现产后情绪低落。产后偶尔出现情绪低落是正常的，新妈妈应积极调节，尽早消除不良情绪，避免出现产后抑郁。

改善情绪小妙招

· 增加钙质。研究表明，妈妈多喝牛奶和吃钙片，可改善产后情绪低落。

· 多寻求家人、朋友帮助。情绪沮丧时，和家人、朋友沟通，把困扰自己的事情说出来，不要什么事情都亲自去做，家人和朋友会很乐意帮助妈妈的。

· 强化夫妻彼此间的沟通。爸爸在此期间要多付出些，多一点关怀、倾听和赞美，给妈妈创造一个心情愉快、适合机体恢复的环境。

· 寻求专业人士帮助。如果妈妈出现产后抑郁的症状，要科学地治疗，及时在医生的指导下服用抗抑郁类药物，不要轻视抑郁症的危害。

宝宝：可能会缺乏维生素D

从第3周开始，宝宝就应该补充鱼肝油，至少要补充至2岁。因为母乳和奶粉中钙含量较多，但维生素D的含量较少，因此必须额外补充鱼肝油，以促进钙质的吸收。多晒太阳也有利于维生素D的合成，新生宝宝可以适当多晒太阳。鱼肝油的补充量要遵医嘱，不要超量。

如果宝宝没有明显的缺钙现象，就不要额外补充钙剂了。一般来说，母乳和配方奶中的含钙量都比较高。如果宝宝经常烦躁不安，不容易入睡，睡着之后又容易惊醒；或者出汗多，即使在冬季也容易出汗，就要考虑是否缺钙，应在医生的指导下进行补充。

爸爸：逗宝宝笑

宝宝一般睡醒了之后精神会很好，爸爸可以在离宝宝5厘米左右的地方对着宝宝笑，或者做几个好玩的表情，宝宝看到之后会发笑，有时还会模仿。

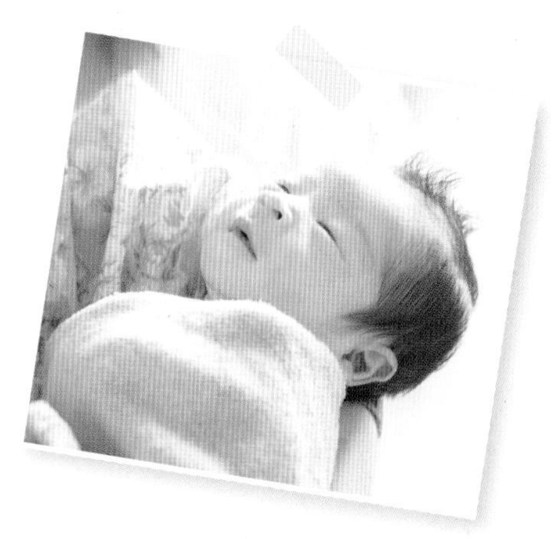

月子会所黄金套餐

8:00

胡萝卜小米粥

凉拌海带丝

＋

10:00

烧饼

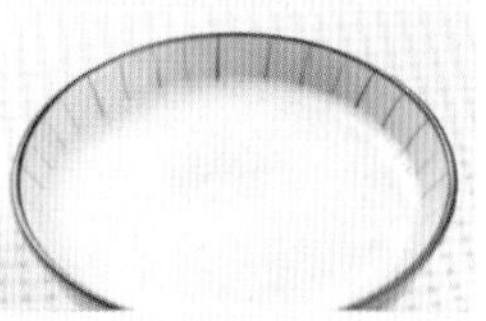
豆浆

12:00

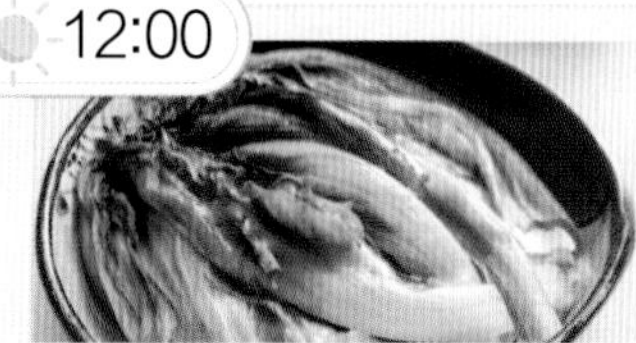
蚝油生菜

清蒸江白鱼

青椒面筋

山药公鸡汤

＋

15:00

百合粥

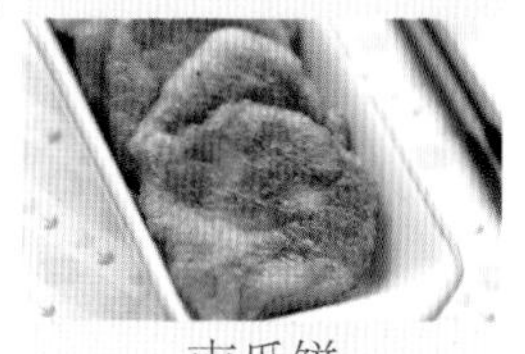
南瓜饼

18:00

五谷饭

麻油鸡

麻油紫甘蓝

西蓝花炒肉片

黄颡鱼豆腐汤

＋

21:00

冰糖雪梨汤

缓解疲劳营养餐

胡萝卜小米粥

原料：小米 150 克，胡萝卜半根。

做法：1. 小米淘洗干净备用；胡萝卜洗净切丁。2. 锅中倒入适量水，加小米，中大火烧开后转小火继续熬 20 分钟。3. 加胡萝卜丁继续熬煮，直至软烂、黏稠即可。

功效：此粥富含维生素和矿物质，且小米粥养胃开胃，也可以加速产后妈妈的新陈代谢。

蚝油生菜

原料：生菜 200 克，盐、生抽、蚝油各适量。

做法：1. 生菜洗净，焯熟后捞出备用。2. 碗中倒入水、盐、生抽、蚝油，拌成调料汁，油锅烧热，倒入调料汁煮开，浇在生菜上即可。

功效：生菜中含有丰富的膳食纤维，有预防便秘、消除多余脂肪的作用，很适合超重的新妈妈食用。

清蒸江白鱼

原料：江白鱼 3 条，姜片、红彩椒丝、黄彩椒丝、植物油、盐各适量。

做法：1. 江白鱼处理干净。2. 将鱼放到盘子上，码上姜片，放上红彩椒丝和黄彩椒丝，蒸锅中加水烧开，放入鱼盘，滴几滴植物油，撒上盐。3. 大火蒸 10 分钟后关火，闷 1~2 分钟即可。

功效：江白鱼口感清爽，营养价值很高，脂肪含量低，增加营养的同时不用担心摄入过多热量。

健脾补虚营养餐

五谷饭

主食

原料： 大米、黑米各 20 克，小米、玉米片、高粱各 10 克。

做法： 1. 将所有食材洗净，浸泡 2 小时。2. 将所有食材放入电饭锅中，加水浸没过食材，煮熟即可。

功效： 小米是坐月子常用的食材，有健胃补虚的作用，适宜脾胃弱的新妈妈食用，能帮新妈妈补气血、促恢复。

麻油鸡

原料： 鸡肉 100 克，芝麻油 30 克，姜片、盐各适量。

做法： 1. 鸡肉洗净，切块。2. 锅中倒入芝麻油，小火加热后爆香姜片，转大火，放入鸡块炒至七分熟。3. 将适量水从四周往中间淋入锅中，盖上锅盖煮沸后，转小火继续煮 30~40 分钟，加盐调味即可。

功效： 麻油鸡不仅可以补气养血，还有助于开胃，此类温和的滋补菜肴非常适合产后体寒乏力的妈妈食用。

西蓝花炒肉片

原料： 猪里脊肉、西蓝花各 100 克，植物油、盐各适量。

做法： 1. 西蓝花洗净，掰成小朵；猪里脊肉洗净，切片。2. 西蓝花焯水后捞出，用冷水冲洗。3. 油锅烧热，倒入肉片翻炒至变色，倒入西蓝花翻炒至熟，加盐调味即可。

功效： 西蓝花含有丰富的维生素 C，有利于剖宫产妈妈伤口愈合；猪肉富含优质蛋白质及铁元素，跟西蓝花搭配，可促进铁的吸收，提高免疫力。

妈妈：伤口基本愈合

产后第3周，妈妈的子宫已经收缩完成，恢复到骨盆内的位置，最重要的是子宫内的积血也快排尽。如果顺产妈妈有会阴侧切，伤口也基本愈合，也没有明显的疼痛了。剖宫产妈妈的伤口内部，会出现时有时无的疼痛，只要不持续疼痛，没有分泌物从伤口溢出，大概再过1~2周就可以完全恢复正常了。

宝宝：用哭声表达需求

宝宝不会说话，但已经会用哭声表达自己的需求了。爸爸妈妈要及时给予宝宝反馈，这样有利于宝宝安全感的建立。

饿了	一开始并不会放声大哭，而是哼哼唧唧的，同时扭动着身体，手脚并用地向周围抓取，嘴巴一碰到东西就有吮吸的动作，很有可能是饿了。
尿湿了	宝宝睡得好好的，突然大哭起来，好像很委屈，这时要赶快打开包被，很有可能是尿布湿了。
太冷或太热	用手摸宝宝脖子后下方，如果温度偏低，就要增加衣服；如果感觉黏糊糊的，就要适当减少衣服。
做梦或想换姿势了	拍拍宝宝告诉他“妈妈在这儿，别怕”，或者给他换个姿势，他又会接着睡了。
生病了	排除以上原因，如果宝宝哭时伴有精神不振、不喝奶，很有可能宝宝生病了，应及时就医。

爸爸：把日用品放在妻子容易够到的地方

妈妈在月子期间，不要频繁弯腰，也不要踮脚，爸爸应将家中的梳子、毛巾和宝宝的纸尿裤等日用品放在伸手即可拿到的地方。

月子会所黄金套餐

8:00

三鲜面

酒酿元宵

12:00

小米蒸排骨

猪肉焖扁豆

传统糖三角

莴笋炒山药

海鲜豆腐汤

香杧西米露

18:00

清蒸鲈鱼

鸡腿菇炒肉片

咸蛋黄焗山药

木瓜莲子羹

牛奶

豆沙包

增强体质营养餐

三鲜面

原料： 面条 50 克，海参、鸡肉各 10 克，虾仁 20 克，水发香菇 2 朵，盐、料酒、植物油各适量。

做法： 1. 将虾仁、鸡肉、海参、水发香菇洗净，分别切成薄片。2. 锅中加水，烧沸后放入面条，煮熟后盛入碗中。3. 锅中放油烧至七成热，放入虾肉片、鸡肉片、海参片、香菇片翻炒，放入料酒、水，烧开后加盐调味，浇在面条上即可。

功效： 海参营养丰富，能够帮助产后妈妈身体恢复，其中的蛋白质还能有效缓解贫血症状。

莴笋炒山药

原料： 莴笋、山药各 100 克，胡萝卜半根，盐、醋、植物油各适量。

做法： 1. 莴笋、山药、胡萝卜洗净，去皮切条，焯水后沥干。2. 油锅烧热，放入处理好的食材翻炒。3. 加醋翻炒均匀，出锅前加盐调味即可。

功效： 山药有健脾补肺、强筋骨的作用，适合新妈妈经常食用；莴笋茎叶中的莴苣素能刺激消化，增进食欲，让新妈妈胃口大开。

海鲜豆腐汤

原料： 豆腐 1 块(约 100 克)，虾仁 50 克，鱿鱼 20 克，蛤蜊 10 个，盐、姜丝各适量。

做法： 1. 豆腐切丁；虾仁洗净；鱿鱼洗净，切花；蛤蜊用盐水浸泡，使其完全吐沙。2. 虾仁和鱿鱼汆水后捞出过冷水，沥干。3. 锅中倒入适量水煮沸，倒入豆腐，煮沸后加蛤蜊，待蛤蜊张开时，倒入虾仁及鱿鱼，再加盐和姜丝即可。

功效： 豆腐富含容易被人体吸收的钙，有助于补充新妈妈体内流失的钙质，促进乳汁分泌。

催乳明星菜

补肺益气营养餐

猪肉焖扁豆

菜

原料： 猪瘦肉 50 克，扁豆 100 克，葱花、姜末、胡萝卜片、盐、高汤、植物油各适量。

做法： 1. 猪瘦肉洗净，切片；扁豆洗净，切段。2. 油锅烧热，煸香葱花、姜末，放肉片炒散后，放入扁豆段和胡萝卜片爆炒。3. 加盐、高汤，中火焖至扁豆熟透即可。

功效： 扁豆中含有丰富的维生素；猪肉中富含铁元素。这道菜可以有效改善新妈妈产后缺铁性贫血的情况，增强新妈妈的体质。

咸蛋黄焗山药

菜

原料： 铁棍山药 2 根，熟咸鸭蛋蛋黄 2 个、干淀粉、植物油、葱花各适量。

做法： 1. 山药去皮洗净，切段，中大火蒸约 10 分钟，至能用筷子轻易戳透后取出，均匀裹上干淀粉；熟咸鸭蛋蛋黄用勺子碾碎。2. 油锅烧热，放入山药段，中小火炸至表面微微金黄后捞出沥油。3. 锅中留底油，放入熟咸鸭蛋蛋黄碎，小火翻炒至冒气泡。4. 放入炸好的山药，翻炒至均匀裹上咸蛋黄碎，撒上葱花出锅即可。

功效： 山药有健脾补肺、强筋骨的作用，适合新妈妈食用。

木瓜莲子羹

汤

原料： 干莲子 20 颗，木瓜 100 克，干银耳 3 克，枸杞 10 颗，冰糖适量。

做法： 1. 干莲子泡发洗净；木瓜洗净，去皮切丁；干银耳泡发洗净。2. 锅中倒入适量水，放入银耳，大火煮开转小火，慢煮 1 小时。3. 放入莲子一同煮，约 10 分钟后放冰糖、木瓜丁、枸杞，再煮 10 分钟即可。

功效： 木瓜有助乳汁分泌，此羹中含有丰富的维生素和胶原蛋白，具有较强的抗氧化功效，可改善产后妊娠斑。

第17天

妈妈：细心呵护乳房

妈妈的乳房是宝宝的“粮仓”，产后多按摩乳房，一方面有利于乳汁分泌；另一方面也可预防乳腺炎，保持乳房的健康。按摩之前，妈妈最好用温水热敷乳房几分钟，遇到硬块的地方多敷一会儿，然后再开始按摩。

给宝宝哺乳后，妈妈应将剩余的母乳挤掉，清空乳房，使下一次哺乳时能够重新积聚母乳，让乳房保持坚挺。

单手挤奶：用一只手包住乳房，然后将拇指和食指放在乳晕上。将上身向前稍微倾斜，放在乳晕上的两个手指用力向乳房内部按压，然后换另一只手重复动作。要领是直接按压，而不是用手抓乳头。

双手挤奶：一只手包住乳房，另一只手放在乳房上方，双手都向乳头方向按压。要领是不要揉搓乳房，而是一点点移动双手位置挤奶。

母乳储存时间表		
储存的方法	足月宝宝	早产/患病宝宝
室温	8小时	4小时
冰箱（4~8℃）	48小时	24小时
冰箱（-18℃以下）	3个月	3个月

宝宝：呼吸逐渐稳定

宝宝刚出生时，呼吸一般很浅且没有规律，呼吸会时快时慢。到了第3周时，宝宝的呼吸会逐渐稳定，变得规律。如果宝宝出现呼吸明显急促的现象，就要检查是否生病了。

当妈妈给宝宝喂奶时，宝宝可能会出现含不住乳头的情况，有些妈妈就会把宝宝头部尽量往乳房上靠，这是种错误的做法，会使宝宝无法用鼻子出气。此外，妈妈躺着喂奶时也容易挡住宝宝的鼻孔。

喂奶时，妈妈最好抱起宝宝坐着喂，并让宝宝仰着头，下颌贴近乳房，前额和鼻子离乳房远一些，保持一定的距离，千万别让乳房挤着宝宝的鼻子，影响宝宝的呼吸。

爸爸：经常抚摸宝宝

爸爸应经常用手掌轻轻地抚摸宝宝，不仅有利于宝宝和爸爸之间的感情交流、宝宝的身心发育和情绪稳定，还有利于宝宝的睡眠。

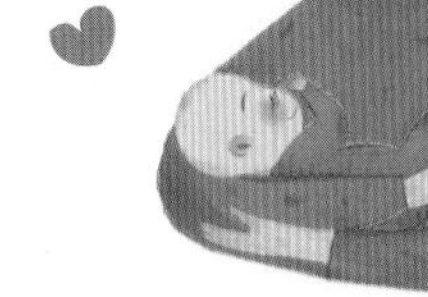

月子会所黄金套餐

8:00 豆角焖饭 香菇青菜 煮鸡蛋

10:00 菜包 豆浆

12:00 西芹百合 蒜蓉大虾 彩椒炒牛柳 鸽子红枣汤

15:00 煮花生

18:00 慈姑烧肉 麻油菠菜 芹菜胡萝卜肉丝小炒 黄颡鱼豆腐汤

21:00 银耳莲子汤

养心安神营养餐

豆角焖饭

原料： 大米、豆角各 100 克，盐、植物油各适量。

做法： 1. 豆角择洗干净，切丁；大米淘洗干净。2. 油锅烧热，放入豆角略炒一下。3. 将豆角丁、大米放在电饭锅里，放入比焖米饭时稍多一点的水焖熟，再根据自己的口味适当加盐即可。

功效： 此饭富含多种矿物质、维生素等营养物质，有助于产后妈妈增强抵抗力，提高身体素质。

扫一扫 轻松学

蒜蓉大虾

原料： 对虾 20 只、蒜蓉、盐、植物油、料酒、黑胡椒粉各适量。

做法： 1. 对虾去壳去虾线，洗净后放入蒜蓉，用料酒、盐、黑胡椒粉和植物油腌制 10 分钟。2. 对虾平铺在炸篮中，推入空气炸锅，选择温度 200℃，时间设为 15 分钟。3.10 分钟后暂停程序，取出炸篮，将虾翻面后继续程序，5 分钟后程序结束即可。

功效： 虾能提高人体免疫力，还可帮助哺乳妈妈分泌乳汁，虾中的蛋白质能提高乳汁质量，也是产后瘦身的优选食材。

鸽子红枣汤

原料： 乳鸽 1 只，干红枣 8 颗，姜片、盐各适量。

做法： 1. 乳鸽处理干净，放入冷水锅中煮沸，撇去浮沫；干红枣洗净。2. 将姜片和乳鸽一起放入砂锅中，加适量水，大火煮开，转小火煲 1 小时。3. 加红枣，继续煮 20~30 分钟，最后加盐调味即可。

功效： 乳鸽营养丰富，易消化吸收，对伤口愈合也有好处；红枣可补血安神。此汤能促进血液循环，是帮助妈妈产后恢复体力的佳品。

淡斑美容营养餐

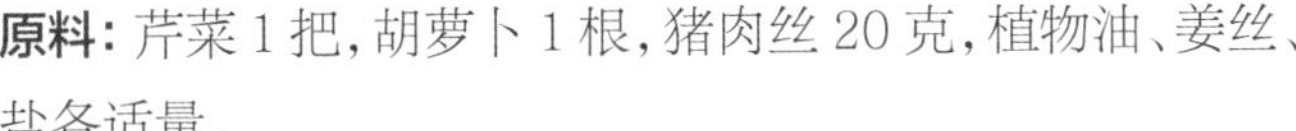

芹菜胡萝卜肉丝小炒

原料： 芹菜 1 把，胡萝卜 1 根，猪肉丝 20 克，植物油、姜丝、盐各适量。

做法： 1. 芹菜择洗干净、胡萝卜洗净，切丝。2. 油锅烧热，爆香姜丝，放入猪肉丝翻炒至变色，加胡萝卜丝翻炒，盛出备用。3. 锅中再加少量油，放入芹菜翻炒，2 分钟后加胡萝卜丝、猪肉丝，翻炒片刻后加盐调味，1 分钟后起锅装盘。

功效： 芹菜、胡萝卜、猪肉三者搭配，营养互补，有助于预防便秘，补肝明目。

慈姑烧肉

原料： 五花肉 150 克，慈姑 100 克，植物油、白糖、老抽、姜片、盐各适量。

做法： 1. 五花肉、慈姑洗净，切块。2. 油锅烧热，加白糖烧化，放入五花肉翻炒，加入老抽炒片刻。3. 锅内加适量水，放入姜片、盐，大火煮沸后，放入慈姑，转小火煮 30 分钟后转大火收汁即可。

功效： 慈姑能消肿利尿，且含有多种矿物质，与猪肉同食，能提高新妈妈的免疫力，促进脾胃健康。

银耳莲子汤

原料： 干银耳半朵，干莲子 10 颗，干红枣 5 颗，枸杞 5 颗，蜂蜜适量。

做法： 1. 干银耳去蒂洗净，泡发备用；干莲子泡发洗净；干红枣、枸杞洗净备用。2. 锅中加水，放入银耳，大火烧开后改小火。3. 炖 30 分钟后，加莲子、干红枣和枸杞，炖至软糯。4. 根据新妈妈个人口味，加蜂蜜调味即可。

功效： 银耳含有膳食纤维和天然胶质，可以促进胃肠蠕动，减少脂肪吸收，还能保护皮肤，是新妈妈产后减肥、淡斑的好食材。

第18天

妈妈：经常更换睡姿

不论是顺产还是剖宫产妈妈，产后睡姿都很重要。因为产后睡姿不正确对子宫恢复不利，如果总是保持仰卧位的睡姿，容易导致子宫后倒，造成产后腰痛，白带增多，也不利于恶露排出。

顺产妈妈：侧卧和仰卧轮换

顺产妈妈可能有会阴处轻度撕裂，有的还会在会阴外侧留下伤口。正确的睡姿最好是侧卧，左右都可以，主要避免压迫有伤口的一侧和乳房。应尽量避免长时间仰卧，否则会造成骨盆较分娩前宽大。

剖宫产妈妈：侧卧和半卧轮换

侧卧时，应使身体和床成 20~30° 角，将被子或毛毯垫在背后，以减轻身体移动时对切口的牵拉。同时也应采取半卧位，以防子宫颈内积血渗入腹腔内。剖宫产后 2 周可开始俯卧，每天 1~2 次，每次 15 分钟左右。

宝宝：对奶粉很敏感

母乳是宝宝最理想的食物，但在某些情况下，妈妈不得不选择配方奶来补充或代替母乳。如果宝宝是人工喂养或混合喂养，妈妈不要随便更换配方奶的品牌。因为新生宝宝身体各项功能不够完善，对食物的变换比较敏感。但如果宝宝对选用的奶粉表现出了不适，如出现腹泻、严重的便秘、哭闹或者过敏状况时，就应及时给宝宝换奶粉。值得注意的是，即使是相同品牌的奶粉，不同配方的产品，其营养成分也不同，宝宝也需要适应。因此，同品牌不同成分的奶粉之间转换也应谨慎。

爸爸：和妻子分担育儿任务

不要认为妻子是女人，自然就应该知道怎么照顾宝宝，谁也不是天生就会带宝宝。但妻子可能会“武装”自己，主动学习关于照顾宝宝的知识，尽快适应母亲的角色。而爸爸呢？为人父母不是一件简单的事情，照顾宝宝的技巧需要学习，只有经历每一次挑战——抱宝宝、给宝宝洗澡、哄宝宝睡觉等——才会不断成长。爸爸应当和妻子共同分担育儿任务，互相鼓励，激发彼此的育儿任务，并主动寻找和学习育儿方法。

月子会所黄金套餐

8:00

青菜馄饨

煮鸡蛋

+

水果燕窝

12:00

南瓜炒肉丝

香菇青菜

麻油鸡

冬瓜玉米排骨汤

+

炒米蒸鸡蛋

18:00

黑米糯米饭

炒空心菜

红烧鱼块

藕圆子

莲子猪心汤

+

木瓜花生汤

护发防脱营养餐

炒米蒸鸡蛋

原料： 炒米20克，鸡蛋1个，枸杞、植物油、盐各适量。

做法： 1.鸡蛋磕入碗中，加盐和植物油搅拌均匀。2.碗中倒入适量凉开水，均匀撒入炒米。3.锅中放入适量水，将碗放入锅中蒸15分钟，出锅点缀枸杞即可。

功效： 头发的生长和肾功能、血液循环息息相关，而枸杞有补肾和促进血液循环的作用，能有效预防产后脱发。

南瓜炒肉丝

原料： 南瓜100克，猪瘦肉丝50克，植物油、盐各适量。

做法： 1.南瓜去瓤，洗净切丝。2.油锅烧热，放入猪瘦肉丝翻炒至变色。3.放入南瓜丝，翻炒均匀至断生，加盐调味即可。

功效： 南瓜营养丰富，有益肝明目、缓解便秘的作用，此菜滋养肠胃，可促进新妈妈食欲。

冬瓜玉米排骨汤

原料： 猪排骨250克，玉米1根，冬瓜250克，料酒、盐、葱段、姜片各适量。

做法： 1.玉米洗净切块；冬瓜洗净，去皮切块。2.锅中倒入适量水煮沸，倒入料酒，放入排骨汆至变白，去血沫，捞出过凉水。3.另取砂锅放入排骨、玉米、葱段和姜片，倒入没过食材的清水，盖上锅盖，大火烧开后转小火，炖煮约1小时，放入冬瓜和盐，继续炖30分钟即可。

功效： 冬瓜有利尿消肿、减肥清热的效果；猪排骨含有大量骨胶原，能增强体质，提高人体免疫力。

定心养神营养餐

炒空心菜

菜

原料：空心菜 200 克，红彩椒 1 个，植物油、盐各适量。

做法：1. 空心菜洗净，切段；红彩椒洗净，切条。2. 油锅烧热，倒入空心菜和红彩椒条，大火翻炒至空心菜熟软。3. 加盐调味即可。

功效：空心菜营养丰富，可以增强新妈妈的免疫力；空心菜中含有丰富的膳食纤维，能促进肠胃蠕动，防治便秘。

藕圆子

原料：莲藕 1 节，猪肉糜 50 克，鸡蛋 1 个，胡萝卜丝、姜末、盐、生抽、糯米粉各适量。

做法：1. 胡萝卜丝切碎，焯熟，沥干；鸡蛋打散。2. 莲藕洗净擦丝，与猪肉糜混合，加姜末、盐、生抽、蛋液、糯米粉，顺时针搅拌均匀。3. 将莲藕肉泥在手上搓成丸子，再将丸子放入蒸笼，大火蒸 40 分钟，放上胡萝卜碎装饰即可。

功效：莲藕中含有 B 族维生素，能消除疲劳，对安抚新妈妈的情绪有积极作用。

莲子猪心汤

原料：猪心 100 克，干莲子 5 颗，山药 1 小段，姜片、盐各适量。

做法：1. 猪心洗净，切好备用。2. 山药洗净，去皮切块；干莲子泡发，去心，洗净。3. 将猪心、山药、莲子和姜片放入锅中，加水煮 40 分钟左右，加盐调味即可。

功效：此汤含有维生素和钙、磷、钾等多种矿物质，有定心养神、辅助睡眠的作用，适合产后新妈妈食用。

妈妈：明明很累，却睡不着

生完宝宝之后，妈妈立即投入到照顾宝宝的艰巨任务中，身心都承受着很大的压力。尤其是新手妈妈，没有照顾宝宝的经验，难免手足无措、提心吊胆，感觉特别劳累，而真的能躺下时，却可能遭遇失眠的困扰。

改善失眠小妙招

· 调整作息。充足的睡眠可以赶走疲劳，虽然月子期间不太容易做到，但妈妈应尽可能地多睡，如果夜里因照顾宝宝而缺觉，可以在白天小睡一会儿，但时间不要太长。

· 适度锻炼。睡前3小时左右做适量的运动，既不会使人太过兴奋，又能使人安然入睡，每天半小时的运动量，对改善睡眠效果极佳，例如睡前做伸展操。

· 吃点安神食物。尽量在睡前2小时前完成进食，睡前可进食点全麦面包、燕麦片、一杯热牛奶等。

· 睡前放松。每晚用热水泡泡脚，睡前半小时看看轻松愉快的书、听听舒缓的音乐，慢慢地呼吸，排除各种杂念，让自己放松下来。

宝宝：可能会乳糖不耐受

乳糖不耐受，是由于宝宝体内缺乳糖酶，从而使乳糖不能正常分解消化造成的一种现象。乳糖不耐受的宝宝，如果大便次数不多且不影响生长发育，一般无须特殊治疗。但如果宝宝喝完母乳或配方奶后，大便频繁、呈水样，并且体重增加缓慢，妈妈应及时给宝宝改喝无乳糖的配方奶粉。等到腹泻停止后，再根据宝宝的耐受情况，逐渐增加母乳喂养次数，改用母乳和无乳糖配方奶粉混合喂养。

爸爸：消除妻子不良情绪

大部分妈妈或多或少会出现产后沮丧情绪，轻度的情绪疾患是最常见的产后心理调适问题。爸爸要使妻子认识到，产后情绪低落不会给自己或宝宝带来严重的不良后果，帮助妻子减轻心理压力，适当给予妻子情绪发泄的机会。由不良情绪导致的失眠，可在每晚睡前半小时，爸爸将灯光调暗，给妻子进行简单的头部按摩，为入睡创造良好环境，改善妻子的失眠状况。

月子会所黄金套餐

三鲜馄饨　炒黄瓜　红薯汤

炒空心菜　红烧黄鳝　时令水果

鸡蛋炒秋葵　海带排骨汤　芝麻汤圆

芋头南瓜　麻油紫甘蓝　花生带鱼

肉片炒莴笋　金针菇黑木耳肉片汤　红豆汤

滋补养身营养餐

三鲜馄饨

原料：猪肉 250 克，馄饨皮 300 克，鸡蛋 1 个，虾仁 20 克，紫菜、香菜末、盐、高汤、芝麻油各适量。

做法：1. 鸡蛋打散，平底锅刷油，鸡蛋液入油锅摊成蛋皮，取出晾凉切丝；猪肉洗净剁碎，加入洗净稍剁碎的虾仁和盐拌馅。2. 馄饨皮包馅，包成馄饨。3. 沸水中下入馄饨、紫菜，加 1 次冷水，待再沸捞起馄饨放入碗中。4. 碗中放入蛋皮丝、香菜末，加入盐、高汤，淋上芝麻油即可。

功效：三鲜馄饨能提高食欲，易消化吸收。

红烧黄鳝

原料：黄鳝 200 克，植物油、姜丝、生抽、白糖、盐、黄彩椒丝各适量。

做法：1. 黄鳝剖洗干净，用开水烫去黄鳝身上的滑腻黏液，剪成段，每段划 1~2 刀。 2. 油锅烧热，爆香姜丝，倒入黄鳝段，略翻炒后倒入生抽、白糖调味。3. 翻拌均匀后加适量水，转中小火煨至鳝段入味，再翻炒均匀，加盐调味，大火收汁，盛出后用黄彩椒丝点缀即可。

功效：黄鳝有很强的补益作用，身体虚弱的产后新妈妈可适量食用，注意不能吃多，否则容易上火。

海带排骨汤

原料：猪排骨 3 根，海带结 300 克，姜片、盐、白胡椒粉、葱丝各适量。

做法：1. 猪排骨洗净剁小段，汆水后捞出沥干；海带结洗净备用。2. 取一汤煲，放入姜片、海带结和汆过水的排骨，加水至汤煲约九分满。3. 大火煮沸后转小火炖 2 小时，关火前 30 分钟加盐，关火后加白胡椒粉调味，装盘时放入葱丝即可。

功效：海带富含碘，补碘能增强甲状腺的分泌。同时，此汤富含蛋白质，可提高母乳的质量。

安神助眠营养餐

芋头南瓜

主食

原料： 芋头 100 克，南瓜 100 克，植物油适量。

做法： 1. 芋头、南瓜削皮后，切大小适中的块状。2. 油锅烧热，倒入芋头和南瓜，小火翻炒 1 分钟左右。3. 锅中倒入半碗清水，水滚后转小火继续煮 20 分钟，至芋头和南瓜软烂即可。

功效： 芋头中的硒含量较高，有利于提高免疫力；南瓜含 B 族维生素，能减轻情绪波动，有效地预防疲劳、改善食欲不振等。

肉片炒莴笋

菜

原料： 莴笋 150 克，猪瘦肉 70 克，植物油、姜片、盐各适量。

做法： 1. 莴笋洗净，去皮切片；猪瘦肉洗净，切片。2. 油锅烧热，放入肉片煸炒至变色，盛出备用。3. 锅内留底油，爆香姜片，放入莴笋片炒匀，放入肉片炒熟，加盐调味即可。

功效： 莴笋含有丰富的磷与钙，对促进骨骼的正常发育有益处。此菜对产后失眠和神经衰弱的新妈妈来说，也有一定帮助。

金针菇黑木耳肉片汤

汤

原料： 金针菇、干黑木耳各 5 克，猪瘦肉 50 克，鸡蛋 1 个，菠菜 1 把，葱花、干淀粉、盐、植物油各适量。

做法： 1. 猪瘦肉切片，打入蛋清，放入干淀粉、盐，搅拌均匀；金针菇洗净；干黑木耳泡发，洗净切丝；菠菜洗净焯水，切段。2. 油锅烧热，放入葱花爆香，再放肉片煸炒至发白，放入黑木耳丝、金针菇、适量水，中火炖煮。3. 开锅后转小火炖煮 5 分钟，放入菠菜段，加盐调味即可。

功效： 金针菇、黑木耳都含有较多的膳食纤维，能有效地促进肠胃蠕动，防治产后便秘。

第20天

妈妈：当心产后便秘

便秘困扰让人苦不堪言，更是新妈妈的难言之隐。产后便秘的问题一定要及时改善和纠正，否则会危害到妈妈的健康。

防治便秘小妙招

· 科学食疗。首先要多喝水，饮食讲究荤素搭配、粗细结合，多吃富含膳食纤维的蔬菜水果，还可以吃一些润肠通便的食物，如蜂蜜、核桃、腰果等。

· 养成清晨排便习惯。清晨起床后，先喝一杯温开水，再做腹部按摩或适当走动，以促进肠蠕动，然后就排便，每天固定时间，时间在3~5分钟以内，以养成固定时间排便的习惯。

· 保持好心情也有利通便。新妈妈应认识到，产后的不适反应都是可以缓解的，切不可过于焦虑，把身体的不适当成一种负担。

最后需要提醒的是，如果便秘持续3天以上，一定要请医生予以适当的处理。

宝宝：眼部分泌物较多

新生儿的皮肤原本就娇嫩，尤其是眼部，格外敏感，需要爸爸妈妈给予更多细致入微的关注和照顾。宝宝眼部的分泌物较多，爸爸妈妈要悉心呵护宝宝柔弱的身体，帮助宝宝缓解不适。每天早晨用专用毛巾或消毒棉签，蘸温开水从眼内角向外轻轻擦拭，去除分泌物。记得擦完一只眼睛后更换棉签。

爸爸：哄宝宝睡觉

待宝宝喝饱了之后，爸爸可以用温柔亲切的语调哄宝宝睡觉，或者给宝宝唱一首优美的摇篮曲，但不要过分逗引宝宝，以免宝宝太兴奋导致睡不着。

月子会所黄金套餐

牛奶　菜包　酒酿蛋花羹

茭白炒肉丝　板栗焖仔鸡　时令水果

芹菜炒肚丝　花生鸡爪瘦肉汤　银耳莲子汤

当归土鸡汤　黑豆饭　香菇青菜　牛奶谷物麦片

强筋壮骨营养餐

板栗焖仔鸡

原料：仔鸡半只，板栗 200 克，植物油、姜片、老抽、白糖、芝麻油各适量。

做法：1. 仔鸡处理干净，剁成小块；板栗壳上划十字，放入沸水中煮 5 分钟，剥壳去衣。2. 油锅烧热，爆香姜片，放入鸡块翻炒至变色，加老抽、白糖、板栗和适量水，煮开后转小火，焖 30 分钟左右。3. 大火收汁，淋上芝麻油即可。

功效：此菜具有补益气血、强筋壮骨的作用，适合产后气血两虚、四肢疼痛的新妈妈食用。

茭白炒肉丝

原料：茭白 2 根，猪里脊肉 50 克，红彩椒 1 个，植物油、姜丝、盐各适量。

做法：1. 猪里脊肉洗净，切丝；茭白洗净，去掉靠近根部的老皮，切丝，焯水后捞出沥干；红彩椒洗净，切丝。2. 油锅烧热，爆香姜丝，放入猪里脊肉丝炒至变色。3. 倒入茭白和红彩椒煸炒至变色，加盐调味即可。

功效：这道菜能够改善产后便秘，猪肉中的蛋白质和铁还能增强新妈妈体力，预防产后贫血。

花生鸡爪瘦肉汤

原料：鸡爪 5 只，猪瘦肉 70 克，花生米、姜片、枸杞、盐各适量。

做法：1. 鸡爪去趾甲，剁成两段，汆水后备用；猪瘦肉洗净，切块；花生米洗净。2. 砂锅中放入鸡爪、猪肉块、花生米、姜片和枸杞，大火烧开转小火炖 1 小时左右。3. 煮至鸡爪酥烂，加盐调味即可。

功效：此汤能够养血催乳、强筋健骨、滋养皮肤，还可缓解产后腰酸背痛的情况。

催乳降燥营养餐

黑豆饭

主食

原料： 黑豆30克，糙米20克。

做法： 1. 黑豆、糙米分别淘洗干净，提前一晚浸泡。2. 黑豆、糙米，倒入电饭煲，加水焖熟即可。

功效： 黑豆味道甘甜，能够健脾胃，活血补血，还具有一定的催乳效果。

芹菜炒肚丝

菜

原料： 熟牛肚丝250克，芹菜200克，红尖椒2个，盐、植物油各适量。

做法： 1. 熟牛肚丝入锅过水去咸味，捞出沥干；芹菜择洗干净，切段，焯水后捞出沥干；红尖椒洗净，去子。2. 油锅烧热，爆香红尖椒，放入牛肚丝和芹菜段，翻炒至熟，加盐调味即可。

功效： 牛肚富含蛋白质、脂肪和钙、磷、铁等多种矿物质，具有补益脾胃、补气养血的功效，适合气血不足、脾胃功能不佳的新妈妈食用。

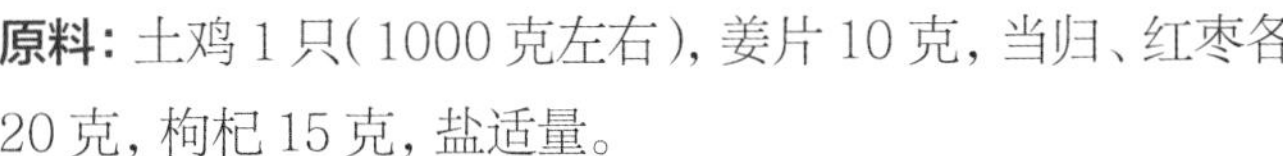

当归土鸡汤

汤

原料： 土鸡1只（1000克左右），姜片10克，当归、红枣各20克，枸杞15克，盐适量。

做法： 1. 土鸡处理干净，剁成小块。2. 鸡肉块汆水至断生后捞出。3. 将鸡肉、姜片、红枣、枸杞和当归放入炖盅，加入水至九分满，将炖盅隔水放入汤锅中。4. 盖上盖，大火煮沸后转小火，炖2小时，最后加盐调味即可。

功效： 当归作为常见的中药之一，有补血活血，降燥清火，滑肠的效果。

妈妈：妊娠纹颜色变浅

孕期出现的妊娠纹随着妈妈身体的恢复，渐渐褪成了白色，着实令爱美的妈妈介意。妊娠纹一旦出现，很难再消除，但可以通过改善生活上的小细节来淡化妊娠纹。

淡化妊娠纹小妙招

· 适当按摩。妈妈可以用宝宝专用润肤油，涂抹在出现妊娠纹的部位，以打圈的方式轻轻按摩，增加皮肤弹性，淡化妊娠纹。

· 补充营养。妈妈可多喝牛奶和奶制品，多吃富含维生素 C 的食物，如草莓、番茄和绿色蔬菜等。

· 适当运动。在月子期间，新妈妈可以根据身体情况适当运动，等月子期结束，身体完全恢复后，就应该增加锻炼。运动可以让皮肤更加紧致，更有弹性，有效缓解妊娠纹。

宝宝：两个软软的囟门

新生儿的囟门“小时大，大时小，渐渐大，不见了”，这很形象地道出了宝宝囟门的变化。新生儿头上有两个软软的、空虚的部位，这就是囟门，有利于分娩中必要的头部变形。囟门是颅骨尚未愈合的表现，不必担心轻轻碰一下它就会受伤，因为上面都覆盖着一层紧密的保护膜。后部的囟门在 6~8 周完全闭合，而前囟门也会在 1 岁左右闭合。

爸爸：给宝宝剪指甲

为防止宝宝指甲长了抓伤自己，勤给宝宝剪指甲是非常有必要的。然而宝宝的指甲十分薄弱，皮肤也特别娇嫩，宝宝又爱动，所以爸爸给宝宝剪指甲时，一定要用宝宝专用小剪刀，在宝宝睡觉时修剪。动作轻快，剪完后用手摸一下，若指甲断面不光滑，要将其锉光滑。

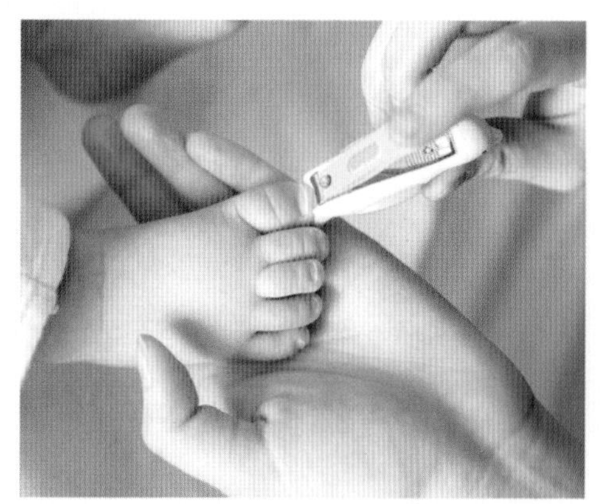

月子会所黄金套餐

8:00

南瓜薏仁粥

炒空心菜

+

10:00

麻油猪肝

12:00

番茄炖牛腩

红烧肉末茄子

香菇青菜

红枣甲鱼汤

+

15:00

芝麻糯米团

18:00

香菇面疙瘩

蚝油生菜

红烧黄鳝

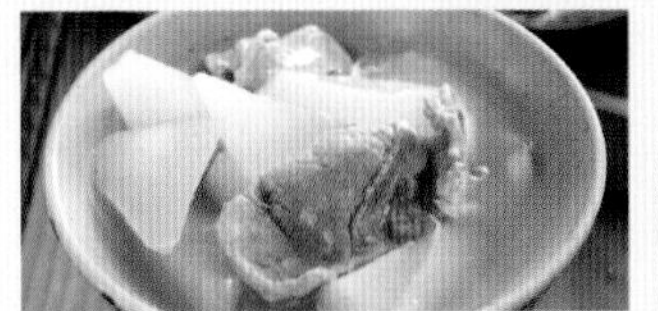
里脊肉萝卜汤

番茄炒鸡蛋

+

21:00

藕粉

补钙补铁营养餐

芝麻糯米团

原料：糯米粉200克，熟花生米碎、熟芝麻碎、白糖各50克，干米粉适量。

做法：1. 熟花生米碎、熟芝麻碎加白糖混合做成馅。2. 糯米粉加适量水搅拌均匀，隔水蒸熟，取出放入盆中，用擀面杖不停捶打至糯米糊光滑无颗粒。3. 在干净的面板上撒些干米粉，将糯米糊揪出一个小糯米团，在干米粉上滚一下，压扁，中间压个小窝，放入馅料，包起即可食用。

功效：芝麻中含有丰富的钙，可为新妈妈补充钙质。

红烧肉末茄子

原料：猪肉末50克，茄子500克，豆瓣酱、生抽、葱花、姜末、蒜末、水淀粉、植物油各适量。

做法：1. 茄子洗净，去头尾切条。2. 油锅烧热，放入茄条炸至金黄后捞出，转大火将植物油再次烧开，重新放入茄条，复炸20秒后捞出控油，备用。3. 锅内留底油，倒入猪肉末，翻炒至发白，放入豆瓣酱、葱花、姜末和蒜末，翻炒均匀后倒入炸好的茄条，再倒入生抽和水淀粉，翻炒至酱汁黏稠即可。

功效：茄子含有钙、磷、铁及多种维生素，可以促进脂肪代谢，帮助新妈妈产后瘦身。

麻油猪肝

原料：新鲜猪肝100克，黄彩椒1个，芝麻油、姜片、盐各适量。

做法：1. 猪肝洗净，切成薄片，放在水中浸泡30分钟左右，反复换水至水清为止；黄彩椒洗净，去蒂去子，切块。2. 锅中倒入芝麻油，小火加热，爆香姜片。3. 转大火，放入猪肝片炒至变色，加水煮沸后，加黄彩椒和盐略煮即可。

功效：猪肝中含有丰富的维生素A、维生素B_2和铁，对产后贫血有良好的改善作用，能帮助新妈妈更快恢复身体。

健胃消食营养餐

香菇面疙瘩

主食

原料： 水发香菇 10 克，面粉 50 克，鸡蛋 1 个，盐适量。

做法： 1. 水发香菇洗净，切成小丁；鸡蛋打散成鸡蛋液，加水澥开，少量慢慢倒入面粉中，边倒边用手搅拌，搅出小面疙瘩。2. 锅中倒入适量水，大火煮沸后，将小面疙瘩放入锅中。3. 等面疙瘩浮起后，放入香菇丁，加盐煮熟即可。

功效： 香菇含有多种维生素、矿物质，能促进新陈代谢、提高机体免疫力。

番茄炒鸡蛋

菜

原料： 番茄 1 个，鸡蛋 1 个，植物油、盐、葱花各适量。

做法： 1. 番茄洗净，切块；鸡蛋打散。2. 油锅烧热，倒入蛋液，待蛋液凝固，翻面，炒熟后盛起备用。3. 另起一油锅烧热，放入番茄块翻炒出汁，倒入炒好的鸡蛋翻炒，至番茄软烂，加盐调味，撒上葱花即可。

功效： 番茄健胃消食，润肠通便，对新妈妈的皮肤有很好的养护功效，还可以增强新妈妈的体质，和鸡蛋同炒，营养更丰富，同时还有助于提高新妈妈的食欲。

里脊肉萝卜汤

汤

原料： 猪里脊肉 250 克，白萝卜 100 克，枸杞、姜片、盐各适量。

做法： 1. 沿猪里脊肉横断面切片，洗净备用。2. 白萝卜洗净切块。3. 锅内放入适量水，加肉片、白萝卜、枸杞、姜片，大火煮开，转小火煮 20 分钟至熟，出锅前加盐调味即可。

功效： 猪肉含有优质蛋白质，有助于产后妈妈增强体质，和白萝卜搭配，可理气、滋补气血。

产后第 4 周

滋补期

本周饮食重点

产后第 4 周，新妈妈可以开始全面进补了。月子期间饮食得当，不仅可以弥补分娩时的身体消耗，还可以利用合理饮食和健康的生活方式，调理体质，改善产前体虚、怕冷等问题。五谷杂粮、鱼肉蛋奶、新鲜蔬果等不同的食物，能为人体提供不同的营养，只有均衡摄取，才有利于健康。但也要保证饮食清淡、少盐少油，为产后瘦身做准备。

宜根据体质进补

分娩后，由于失血过多，会出现气血亏虚，新妈妈常感到四肢凉、怕冷怕风等。但在刚坐月子的那段时间，特别是产后一周左右，新妈妈的新陈代谢旺盛，又会以热性体质居多。所以，新妈妈的体质并不是一成不变的，加之每个妈妈的生理情况不同，只有根据自己体质进行调理，才能坐好月子。

宜按需进补，控制食量

新妈妈需要摄入足够的热量来保证乳汁的分泌，但是并不要因此而毫无忌讳地吃各种油腻的食物。新妈妈如果对摄入热量或营养所需量不了解，那么一定要遵循控制食量、提高品质的原则，尽量做到不偏食、不挑食。如果是为了达到产后瘦身的目的，就应按需进补，积极运动。

宜适量补钙

研究表明，产后妈妈低钙症状的发生率达 60%，产后骨质疏松症的患病率达 10% 以上。怀孕期间，为满足宝宝生长发育的需要，妈妈体内的钙消耗较大，如果产后还要哺乳，则对钙质的需求更多。如果哺乳妈妈缺钙，则容易出现牙齿松动、怕冷甚至抽筋、腿脚无力等症状。另外，如果新妈妈缺钙，还会产生乳汁不足的现象。

因此，为了自身和宝宝的健康，新妈妈都应该适量补钙，多吃钙含量高的食物，如虾、牛奶、豆腐等。

每分泌 1000~1500 毫升乳汁，就要失去 500 毫克钙，新妈妈每天宜喝 750 毫升牛奶。

忌经常服用人参大补

通常来说，正常分娩虽然会耗气伤血，但只要分娩过程中和产后没有大出血，也没有出现产程过长的情况，就不需要特殊进补，尤其是大补。如果产后经常服用人参，不仅没有好的滋补效果，反而容易导致产妇出血量增加。如果产妇体质确实不好，建议出月子后去看医生，根据身体情况由医生开方调养。

忌只喝汤不吃肉

产后多喝汤有两点原因：一是好吸收，二是味道鲜美。但多喝汤，特别是荤菜汤，也有缺点：一是嘌呤高，二是脂肪高。另外，肉类含有丰富的蛋白质，蛋白质由各种氨基酸组成，经过烹饪，氨基酸有小部分会溶入汤内，但大部分的氨基酸还是会在肉中。所以，产后喝汤，更要吃肉。

忌过多摄入脂肪

若新妈妈吃过多含油脂的食物，乳汁会变得浓稠，对吃母乳的宝宝来说，消化系统是承受不住的，容易发生呕吐等症状。而且新妈妈摄入过多脂肪会增加患病风险，对产后瘦身也非常不利。

新老观念对对碰

月子期间该怎样补

✗ **老观念：** 必须喝一些大补的汤好好补	✓ **专家说：** 合理饮食比“大补”更重要

月子期是调养体质的关键时期，也是催乳和身体恢复的重要时期，好好补对身体有益。但如果月子期间过分强调滋补，天天大鱼大肉，不注重荤素搭配，反而会对身体造成不利影响。无特殊原因，产后只要做到饮食丰富、营养均衡，就不需要“大补”。

第22天

妈妈：尚不能恢复性生活

产后多久可以恢复性生活？这是很多新手爸妈都关心的问题。分娩后，新妈妈的生理、心理状况都会发生极大的变化，性生活的恢复千万急不得。

顺产妈妈产后 56 天内不能过性生活

自然分娩的妈妈，最先恢复的是外阴，需 10 余天；其次是子宫，在产后 42 天才能完全恢复正常大小；再次是子宫内膜，子宫内膜的创面在产后 56 天左右才能完全愈合；最后是黏膜，也需要 56 天左右。

剖宫产妈妈产后 3 个月内不能过性生活

剖宫产妈妈因为子宫、阴道和外阴等器官组织恢复缓慢，至少需要 3 个月来恢复。为了不影响伤口愈合，一定要等身体恢复好后再恢复性生活。

宝宝：不需要额外喝水

一般而言，宝宝在 6 个月以内是不需要额外补充水分的。母乳和配方奶中的水分基本可以满足宝宝的需求，水分充足的宝宝，一天会尿 6~8 次，颜色清澈透明。但是在宝宝喝奶后，喂适量温水，清洁口腔是有必要的。另外，一定不要给宝宝喂糖水。

爸爸：不要频繁亲吻宝宝

不论是妈妈还是爸爸，都不要频繁亲吻宝宝，也要阻止家人想要亲吻宝宝的行为。因为大人亲吻宝宝的时候，很可能把自己口腔里带有的病菌传染给宝宝，使宝宝患上一些疾病。如果经常亲吻宝宝的小嘴，会使宝宝的口水增多，影响消化功能。此外，爸爸的胡须很硬，亲吻时还容易刺伤宝宝，发生感染。

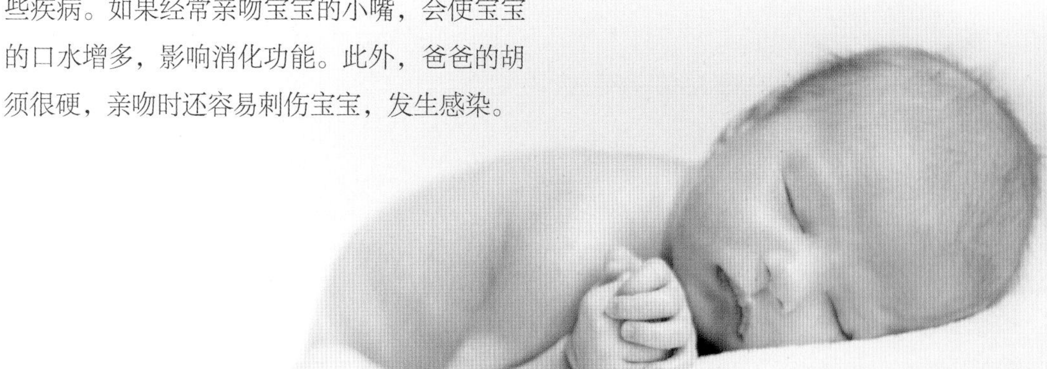

月子会所黄金套餐

8:00 鸡丝粥 香菇青菜 + 10:00 豆浆 蛋糕

12:00 红烧猪蹄 蚝油生菜 青椒面筋 海鲜汤 + 15:00 山楂红枣汤 八宝饭

18:00 红烧元宝肉 虾仁鸭血豆腐 竹荪老鸭汤 炒空心菜 + 21:00 南瓜汤

滋阴补虚营养餐

八宝饭

原料： 糯米、大米、葡萄干各 50 克，杏仁 30 克，核桃仁 2 颗，枸杞、植物油、白糖、猪油各适量。

做法： 1. 葡萄干、杏仁、核桃仁、枸杞分别洗净；糯米、大米淘洗干净，放入锅中，加水煮熟。2. 另取一锅，放适量植物油烧热，浇入煮好的米饭里，加白糖搅拌均匀。3. 在碗内壁涂抹一层猪油，再将葡萄干、杏仁、核桃仁、枸杞分层摆好，将米饭盛入碗内，上锅蒸热，翻扣于盘内即可。

功效： 八宝饭补气养血，适合产后气虚的新妈妈食用。

红烧猪蹄

原料： 猪前蹄 500 克，冰糖 20 克，八角、香叶、老抽、盐、小葱、姜、植物油各适量。

做法： 1. 猪前蹄洗净去毛，切块；小葱洗净，切段；姜洗净，切片。2. 猪蹄汆水后大火煮至变白，撇去浮沫，捞出沥干。3. 油锅烧热，倒入冰糖小火炒至熔化，糖水变焦糖色。3. 倒入猪蹄，翻炒上色，加姜片、葱段、八角、香叶、老抽和没过食材的水，大火烧开后转小火，炖煮约 1 小时，煮至用筷子可以轻易戳透，加盐调味，大火收汁即可。

功效： 猪蹄中的营养物质不仅可以美容养颜，缓解皮肤干燥，同时还有促进乳汁分泌，优化乳汁质量的作用。

海鲜汤

原料： 大虾 70 克，蛤蜊 60 克，豆腐半块，西葫芦 50 克，干黑木耳、黄豆芽、盐各适量。

做法： 1. 蛤蜊用盐水浸泡，使其完全吐沙；豆腐切小块；干黑木耳泡发洗净；大虾去虾线洗净，汆水后捞出备用；黄豆芽洗净；西葫芦洗净，切片。2. 锅内加水烧开，放入豆腐块和黄豆芽煮 15 分钟。3. 加黑木耳煮 10 分钟后加西葫芦片、虾和蛤蜊，盖上锅盖，煮 5 分钟后加盐调味即可。

功效： 此汤味道鲜美，蛋白质丰富，特别适合产后胃口不佳的新妈妈食用。

提高免疫力营养餐

红烧元宝肉

菜

原料：五花肉 100 克，鹌鹑蛋 3 个，冰糖、姜片、老抽、盐、植物油各适量。

做法：1. 五花肉洗净，切块；鹌鹑蛋煮熟剥壳。2. 油锅烧热，放入五花肉，小火煸炒至微黄出油后捞出备用。3. 锅中留底油，放入冰糖，小火熬制成棕红色，下入五花肉煸炒均匀。4. 加老抽和姜片，煸炒均匀，加开水没过肉，小火炖 40 分钟后，加入鹌鹑蛋和盐，烧 20 分钟至汤汁收干即可。

功效：五花肉可改善产后新妈妈浑身无力、精神疲倦的情况。

虾仁鸭血豆腐

汤

原料：鸭血 100 克，豆腐、虾仁各 50 克，植物油、姜片、盐各适量。

做法：1. 鸭血切块汆水后捞出备用；豆腐切块；虾仁洗净，去虾线。2. 油锅烧热，爆香姜片，加适量水煮开，加鸭血、豆腐和虾仁煮开。3. 出锅前加盐调味即可。

功效：鸭血可益气补血，预防产后缺铁性贫血；虾仁富含蛋白质，有助提高哺乳妈妈的乳汁质量。

竹荪老鸭汤

汤

原料：老鸭半只，竹荪 30 克，姜片、盐、黄彩椒丝各适量。

做法：1. 竹荪剪去根部，用温水浸泡后捞出；老鸭洗净，剁块，放入锅中，加适量水烧开，撇去浮沫捞出。2. 将鸭块、姜片放入汤煲中，再加入适量水没过鸭块，小火炖 1 小时后，加入竹荪续炖 20 分钟。3. 加盐调味，出锅后放上黄彩椒丝点缀即可。

功效：竹荪有抗癌、提高免疫力的功能，与鸭肉同食，不仅味道鲜美，滋补效果也更佳。

第23天

妈妈：感冒了能否喂奶

刚出生不久的宝宝自身带有一定的免疫力，不用过分担心感冒会传染给宝宝。而且母乳中含有丰富的免疫物质，能帮助宝宝抵抗疾病，但由于喂奶时接触宝宝很近，妈妈最好戴上口罩，且不要用手去接触宝宝的小手、嘴巴和鼻子等。

根据感冒状况调整哺乳

· 感冒不伴有发高热的症状。妈妈需多喝水，吃清淡易消化的食物，可吃些刺激性小的中成药，如板蓝根冲剂等。但要在吃药前哺乳，且吃药后半小时以内不喂奶。

· 感冒并伴有高热。可暂停母乳喂养1~2天，停止喂养期间，还要常把乳汁挤出，以免影响乳汁分泌。

· 感冒较重需服用其他药物。此时，妈妈应该听从医生指导，以防止某些药物进入母乳而影响宝宝的生长发育。

宝宝：青灰色的“胎记”渐消

看到刚出生的宝宝身上有胎记的时候，妈妈不免有点揪心，不知道胎记对宝宝身体是否有影响。一般情况下，正常宝宝的腰骶部、臀部以及背部等处可见大小不等、形态不规则、不高出表皮的青灰色“胎记”，这是由于特殊的色素细胞沉积形成的。大多在宝宝4岁时就会消失，有时会稍迟。

爸爸：训练宝宝抬头

在宝宝快满月的时候，爸爸可以开始训练宝宝抬头。由于宝宝的颈部和背部肌肉还不是特别有力，每次训练的时间不宜过长，每次练完之后可以让宝宝仰卧在床上休息片刻。

训练宝宝抬头的方法

· 竖抱抬头。竖抱宝宝，让宝宝的头靠在爸爸肩膀上，抱稳宝宝，手部稍稍离开宝宝头部，让宝宝的头部直立片刻，每天进行4~5次。

· 伏腹抬头。爸爸平躺在床上，在宝宝空腹时，把宝宝抱在胸腹前，扶好宝宝的头到正中，逗引其短时间抬头，反复几次。

· 伏床抬头。宝宝空腹时，俯卧在床上，爸爸扶着宝宝的头转向正中，呼唤宝宝小名或用玩具逗引宝宝抬头片刻，反复几次。

月子会所黄金套餐

豆腐脑
鸡蛋培根烧饼
红枣百合粥
蜜汁烧肋排
茭白毛豆肉丝
玉米馒头
炒空心菜
枸杞兔肉汤
酒酿蛋花羹
黑米糯米饭
翡翠烩鱼丸
莲子猪肚汤
板栗烧鸡
银耳莲子汤

补充体力营养餐

蜜汁烧肋排

原料：猪肋排200克，植物油、生抽、姜汁、盐、干淀粉、蜂蜜、熟白芝麻、黄彩椒丝各适量。

做法：1. 猪肋排提前用生抽、姜汁、盐和干淀粉抓匀腌制，上笼蒸40分钟，取出沥干。2. 油锅烧热，将猪肋排煎至变色，捞出控油。3. 另起一锅，熬蜂蜜汁，将煎好的猪肋排放入锅中，挂上薄薄一层蜜汁，最后装盘，撒上熟白芝麻，放上黄彩椒丝点缀即可。

功效：猪肋排中含有蛋白质、铁等营养元素，能为新妈妈提供能量。

茭白毛豆肉丝

原料：茭白2根，猪里脊肉70克，毛豆、植物油、红彩椒丝、盐各适量。

做法：1. 猪里脊肉洗净，切丝；茭白洗净，去掉老硬部分，切丝；毛豆洗净，煮熟备用。2. 油锅烧热，放入猪肉丝滑散，待肉变色后立刻盛出。3. 锅内留底油烧热，放入茭白丝翻炒，加肉丝、毛豆和红彩椒丝翻炒10分钟，加盐调味即可。

功效：茭白可催乳，但肠胃虚寒的新妈妈不宜多吃；毛豆可促进消化，防治便秘；猪肉中的铁能改善产后贫血的情况。

枸杞兔肉汤

原料：兔肉200克，枸杞30颗，姜片、盐、红彩椒丝各适量。

做法：1. 兔肉洗净，切块；枸杞洗净。2. 汤煲中倒入适量水，放入兔肉和姜片，中火炖1小时后加枸杞和盐，转小火再炖20分钟。3. 关火后闷10分钟，盛出后放上红彩椒丝装饰即可。

功效：枸杞可养肝明目，对气血不足的新妈妈来说也是很好的补品；兔肉是一种高蛋白、低脂肪、低胆固醇的食物，非常适合新妈妈食用。

养肾健脾营养餐

黑米糯米饭

原料：黑米 30 克，糯米 100 克，干红枣 5 颗，葡萄干适量。

做法：1. 黑米、糯米洗净，在水中浸泡 1 小时；干红枣、葡萄干洗净。2. 将黑米、糯米、干红枣放入电饭锅内，加水浸没食材。3. 按“煮饭”键煮熟，出锅时加入葡萄干搅拌均匀即可。

功效：黑米有滋阴养肾、健脾养胃的功效，可缓解产后新妈妈头晕目眩、腰酸等不适症状。

翡翠烩鱼丸

原料：鱼丸 6 个，荠菜 50 克，盐、芝麻油、黄彩椒丝各适量。

做法：1. 荠菜洗净，切碎。2. 锅中加水，放入鱼丸，大火煮开，再加荠菜碎和盐煮开。3. 出锅前淋入芝麻油，放上黄彩椒丝点缀即可。

功效：荠菜有补虚止血的作用，可增强新妈妈体质。鱼丸含有丰富的蛋白质，还有一定的催乳作用。

莲子猪肚汤

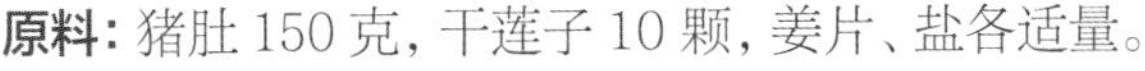

原料：猪肚 150 克，干莲子 10 颗，姜片、盐各适量。

做法：1. 干莲子泡发，洗净。2. 猪肚处理干净，切丝，汆水，捞出备用。3. 将猪肚丝、莲子、姜片放入砂锅，加适量水，小火煲 1 小时左右，加盐调味即可。

功效：猪肚可补脾养胃，莲子有安神助眠的功效，莲子猪肚汤易消化，能帮助新妈妈补气血、健脾胃。

第24天

妈妈：适当运动，帮助身体恢复

	深呼吸运动	上肢运动	下肢运动
次数	每天做5~10遍	每天做2~5遍	每天做2~5遍
方法	平躺，嘴闭紧，用鼻子缓慢吸气，同时将气往腹部送，使腹部鼓起，再慢慢呼出，腹部会渐渐凹下去	平躺，双手臂左右平伸，上举至胸前，两掌合拢，然后保持手臂伸直放回原处	平躺，将一条腿尽量抬高与身体垂直，放下后另一条腿做相同的动作。娴熟后可将两条腿同时举起
功效	增加腹肌弹性	增加肺活量，恢复乳房弹性	促进子宫及腹部肌肉收缩，恢复腿部曲线

宝宝：鼻腔的护理

当宝宝有鼻涕时，可用柔软的纸巾或毛巾轻轻擦拭，但不要捏宝宝的鼻子。如果发现宝宝鼻孔里有鼻屎，可用棉签蘸点水，将鼻屎清理出来。若鼻屎干硬，可在宝宝洗澡时，多放热水，或者用棉签多蘸些水来软化，然后再进行清理。如果鼻屎在鼻子深处，新手爸妈不要贸然处理，有时宝宝自己会通过打喷嚏排出。

爸爸：积极回应宝宝

宝宝已经会用“哼哼”“咯咯”等简单的声音来表达自己的感受了。这时，爸爸也要用同样的声音回答宝宝，面对面地和宝宝逗笑对话。这个时候的宝宝，很多都能识别自己的爸爸妈妈了，有的宝宝在看到爸爸妈妈时，会安静下来绽放笑容，有些还会和爸爸妈妈进行眼神交流，爸爸妈妈要积极回应宝宝，深情地凝视他。

月子会所黄金套餐

小米红枣粥 煮鸡蛋 凉拌海带丝 + 发糕 牛奶

豆腐皮包肉 菱角炒鸡丁 蚝油生菜 鲫鱼豆腐汤 + 时令水果

薏仁饭 蚝油鲍鱼 土豆烧牛腩 彩椒炒牛柳 + 红豆汤

催乳补钙营养餐

豆腐皮包肉

原料： 豆腐皮 2 张，猪肉 100 克，鸡蛋 1 个，植物油、姜末、盐各适量。

做法： 1. 鸡蛋打散；猪肉洗净剁成末，加姜末、盐、鸡蛋液，顺一个方向搅拌上劲；豆腐皮切成长 15 厘米、宽 10 厘米的长方形。2. 平铺豆腐皮，肉末放在距底部 3 厘米处，豆腐皮底部往上翻，左右两侧往中间翻，从下往上卷。3. 放入蒸碗，倒入植物油，加水浸没一半，上锅蒸 20 分钟。

功效： 此菜不仅可以提供优质的蛋白质，还能补充钙质。

菱角炒鸡丁

原料： 鸡脯肉 100 克，菱角 70 克，青椒半个，植物油、姜片、盐各适量。

做法： 1. 菱角煮熟，掰壳取肉，切块；青椒洗净，去蒂去子切碎；鸡脯肉洗净，切丁。2. 油锅烧热，爆香姜片，放入鸡肉丁翻炒至变色，放入青椒碎翻炒。3. 放入菱角翻炒均匀，加盐调味即可。

功效： 夏季坐月子食用菱角，有清暑解热、除烦止渴的功效。此菜开胃消食，且滋阴清火，对产后便秘、血虚体弱有一定辅助疗效。

鲫鱼豆腐汤

原料： 鲫鱼 1 条，豆腐 200 克，生姜、料酒、盐各适量

做法： 1. 豆腐切块；鲫鱼去鳞，去内脏，去鳃，洗净，切块；生姜洗净，切片。2. 鲫鱼块和姜片放入砂锅中，加入适量水和料酒，大火煮沸转小火煲 30 分钟。3. 再放入豆腐煮熟，加盐调味即可。

功效： 此汤有养气益血、补虚通乳的作用，是促进气虚体质的新妈妈分泌乳汁的佳品。

催乳明星菜

明目补虚营养餐

薏仁饭

主食

原料： 薏仁、大米各 50 克，糯米 20 克，熟黑芝麻适量。

做法： 1. 薏仁洗净，浸泡 2 小时；大米、糯米淘净。2. 大米、糯米、薏仁一同放入电饭锅，加水浸没食材。3. 煮熟后撒上熟黑芝麻即可。

功效： 薏仁饭具有补脾胃、益气血、除湿气、消水肿之效，适合产后妈妈调养食用。

蚝油鲍鱼

菜

原料： 鲍鱼 2 个，盐、姜末、橄榄油、蚝油各适量。

做法： 1. 剪掉鲍鱼肉与壳之间的大块黑色泥肠及内脏，在流水下用牙刷刷掉鲍鱼裙边黑色黏液，然后在鲍鱼正面切十字花刀，连壳摆盘，用手指蘸盐均匀涂抹在每一块鲍鱼上；将姜末均匀撒在鲍鱼上，再用小勺装少许橄榄油，均匀地淋在鲍鱼之上。2. 蒸锅加水，水沸后放入盛有鲍鱼的盘子，大火蒸 10 分钟左右，待鲍鱼蒸熟关火。3. 炒锅内加橄榄油、蚝油，加热后淋在鲍鱼上即可。

功效： 鲍鱼味道鲜美，营养丰富，可明目补虚、清热滋阴、养血益胃、补肝肾，对产后头痛眩晕症状也有一定的辅助疗效。

土豆烧牛腩

菜

原料： 牛腩 150 克，土豆 1 个，植物油、姜片、老抽、盐、白糖各适量。

做法： 1. 牛腩洗净，切块；土豆洗净，去皮切块。2. 油锅烧热，爆香姜片，放入牛腩煸炒至焦糖色，再加入老抽，炒至牛腩均匀上色，加入适量开水，大火烧开，撇去浮沫，盖上锅盖小火焖烧。3. 牛腩软烂后加入土豆块，焖 10~20 分钟，加入适量盐和白糖拌匀，大火收汁即可。

功效： 这道菜适合为新妈妈补充体力、修复组织、补充铁元素。

妈妈：乳腺炎还能哺乳吗

产后乳腺炎是月子期常见的一种疾病，多为急性，常发生于产后3~4周的哺乳妈妈。患乳腺炎后，新妈妈会突然感到恶寒、发热、乳房结块、局部红肿和疼痛。由于乳腺炎只感染乳房组织，与乳汁无关，因此，炎症不会传染给宝宝，通常而言可以继续喂奶，而且宝宝的吮吸非常有力，是非常好的疏通乳腺管的方法。

根据乳腺炎轻重情况调整哺乳

· 若只有局部红肿，可在喂奶前先热敷红肿部位，并将硬块揉散，喂奶后再冰敷。

· 若是乳头感染、破皮，就该用奶水擦拭，或用医生开的乳头药膏，为防止宝宝吃到药膏，应在喂奶后上药，并在下次喂奶前用清水清洁乳头。

· 若是一侧乳腺肿脓，可用另一侧乳房哺乳，暂时将病侧乳房断奶，将乳汁挤出后丢弃，待乳腺肿脓痊愈后再重新开奶。

· 若是乳腺炎伴随发热症状，最好暂停哺乳，但是要坚持挤奶，防止回奶。

宝宝：处于快速生长期

快速生长期一般发生在出生后第2~4周，以及第3~4月之间。时间上因人而异，差别也很大。宝宝可能会突然不停地要喝奶，这种频繁喝奶的阶段就叫快速生长期。这个时候，如果妈妈每2小时给宝宝喂1次奶，或者更频繁地喂奶，妈妈的身体就会收到信号，产生更多的乳汁，并根据宝宝的年龄对乳汁组成进行调整。

爸爸：避免体重类话题

产后身材恢复并不是一件容易的事，新妈妈还在恢复期，就要忍受带宝宝的劳累和身体上的各种不适。如果爸爸多帮妻子分担照顾宝宝的任务，为妻子留出做运动的时间，将是非常体贴的行为。月子虽然只有短短的42天，却是每个女人非常敏感的时期。爸爸不仅要在生活上悉心照顾妻子，更要在精神上开导和理解妻子。多陪伴、多赞美妻子的母性魅力，尽量避免体重类话题，帮助她接受自己变化的身体。

月子会所黄金套餐

8:00

青菜馄饨

煮鸡蛋

+

10:00
木瓜花生汤

12:00

香菇瘦肉粥

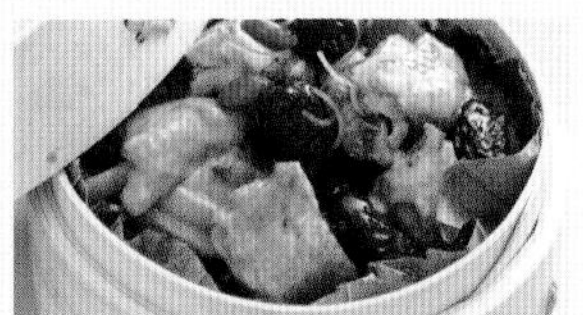
红枣蒸鸡

南瓜紫菜蛋花汤

炒空心菜

+

15:00
蜜汁糯米藕

18:00

玉米饭

青椒土豆丝

西蓝花炒肉片

莲子猪心汤

雪菜红烧黄鱼

+

21:00
红豆汤

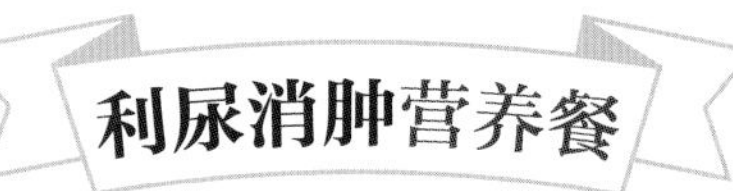

利尿消肿营养餐

香菇瘦肉粥

原料：大米、小米、糙米各 100 克，猪肉 50 克，干香菇 3 朵，葱花、盐各适量。

做法：1. 大米、小米、糙米淘洗干净；猪肉洗净，切丁；干香菇泡发，洗净，去蒂切丁。2. 油锅烧热，倒入葱花、香菇，爆香后加水煮开，加入洗净的大米、小米、糙米和猪肉丁。3. 煮熟后加盐调味即可。

功效：此粥既能给新妈妈补充蛋白质，又能补充一定的维生素。糙米中的膳食纤维丰富，可促进肠胃蠕动。

红枣蒸鸡

原料：荷叶 2 张，干红枣 6 颗，糯米 100 克，鸡肉 200 克，植物油、盐、生抽、姜片、枸杞、红彩椒丝、黄彩椒丝各适量。

做法：1. 荷叶洗净，泡 1 个小时；糯米淘洗干净，加盐和植物油搅拌均匀；鸡肉洗净，斩块，用植物油、盐、生抽、姜片腌入味。2. 荷叶放在砧板上，铺上糯米，再放上鸡肉、干红枣、枸杞，包成四方形，上蒸锅大火蒸 30 分钟，待蒸熟后用红彩椒丝、黄彩椒丝和枸杞点缀即可。

功效：红枣可补中益气，养血安神；鸡肉是优质蛋白质的来源，产后新妈妈可适量食用。

南瓜紫菜蛋花汤

原料：南瓜 100 克，紫菜 10 克，鸡蛋 1 个，盐适量。

做法：1. 南瓜洗净，去皮，切块；紫菜洗净；鸡蛋打散。2. 南瓜放入锅中，加适量水，炖煮至烂熟后放入紫菜。3. 煮开后，淋入鸡蛋液，搅出蛋花，再次煮开后，加盐调味即可。

功效：南瓜紫菜蛋花汤中含有丰富的蛋白质和钙、硒、碘等矿物质，具有补虚强身的作用。紫菜还有一定的利尿去水肿的功效。

开胃补虚营养餐

雪菜红烧黄鱼

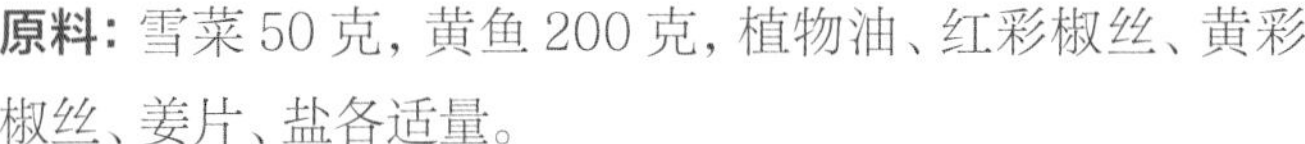

原料： 雪菜 50 克，黄鱼 200 克，植物油、红彩椒丝、黄彩椒丝、姜片、盐各适量。

做法： 1. 黄鱼处理干净，沥干；雪菜洗净切碎。2. 油锅烧热，爆香姜片，放入黄鱼煎至两面金黄后捞出。3. 锅内留底油，放入雪菜翻炒片刻，加入黄鱼、红彩椒丝、黄彩椒丝、盐，倒入适量水，大火烧开转小火，煮 6 分钟左右即可。

功效： 黄鱼含有丰富的钙及优质蛋白，能补血补钙，非常适合体虚的新妈妈食用。

青椒土豆丝

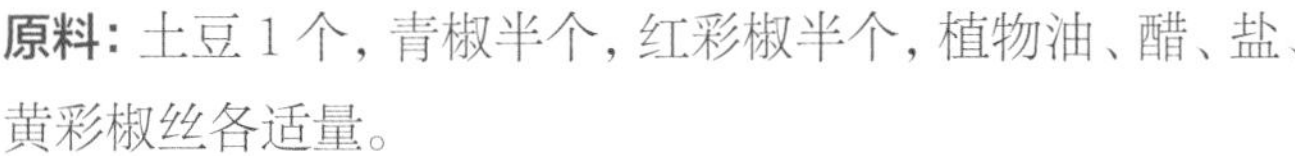

原料： 土豆 1 个，青椒半个，红彩椒半个，植物油、醋、盐、黄彩椒丝各适量。

做法： 1. 土豆洗净，去皮切丝；青椒、红彩椒洗净，去蒂去子，切丝。2. 油锅烧热，倒入土豆丝，加少量醋翻炒至半熟。3. 放入青椒丝、红彩椒丝，翻炒片刻后，加盐调味，放上黄彩椒丝装饰即可。

功效： 此菜膳食纤维含量高，可以促进肠胃蠕动，缓解新妈妈产后便秘的情况。

蜜汁糯米藕

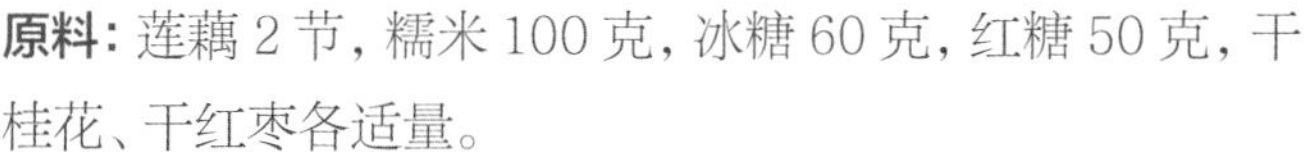

原料： 莲藕 2 节，糯米 100 克，冰糖 60 克，红糖 50 克，干桂花、干红枣各适量。

做法： 1. 莲藕洗净去皮；糯米淘洗干净，提前泡 10 小时以上。2. 将莲藕距一端 2 厘米处切开，糯米沥干后填入藕孔中，用筷子将糯米捅入藕孔深处，填满糯米后，将切下来的藕盖盖上，用牙签固定好。3. 将莲藕放入高压锅里，加水没过莲藕，放入冰糖、红糖、干红枣、干桂花，盖上锅盖，煮开后取出切薄片，淋上汤汁即可。

功效： 莲藕有助排除体内瘀血；糯米补血益气，可增强抵抗力。

妈妈：根据季节保养皮肤

产后，新妈妈体内激素水平逐渐趋于正常，此时也是养护、调理肌肤的最佳时机。在不同季节坐月子的妈妈，应根据气候变化，选择适合自己的护肤方案。

春	春季皮肤比较敏感，应注意增强肌肤的耐受力，做好清洁、保湿的工作，将肌肤调整到最佳状态。
夏	夏季天气炎热，皮脂腺与汗腺分泌更加旺盛，新陈代谢速度也更快，肌肤容易出油长痘。因此，清洁是夏季的保养重点，每天应彻底清洁肌肤。
秋	秋季天气干燥、凉爽，身体新陈代谢速度减缓，要加强肌肤的清洁与补水。可用适量弱碱性的化妆水，加强毛孔的收敛效果。
冬	冬季天气干冷，很多肤质不佳的新妈妈易出现“冬季痒”的现象，这时，要用滋润保湿效果好的护肤品，以减少皮肤水分的蒸发。

宝宝：防治鹅口疮

鹅口疮是新生儿常见的疾病，为了预防鹅口疮，妈妈哺乳前要洗净双手及清洁乳头，避免双手接触乳头。另外，要注意宝宝的口腔卫生，每次给宝宝喂奶后再喂几口温开水，冲去留在口腔内的奶汁，防止霉菌生长。如果宝宝喝的是配方奶粉，喂奶用具一定要干净卫生，使用后及时煮沸消毒。治疗鹅口疮可用制霉菌素加婴儿鱼肝油，涂擦宝宝口腔黏膜。或使用制霉菌素药片，每片用 10 毫升温水化开，在宝宝吃奶后涂抹口腔，每天 3~4 次，用药 7 天以上。待白色斑块消失后，还应坚持用药 7 天，以防复发。

爸爸：选择合适的玩具

新生宝宝的手很小，还不能抓握，也不会玩，但眼睛会看，耳朵也会听。所以，爸爸给宝宝选择玩具时，最好选择颜色鲜艳、带声音的玩具，如床铃、拨浪鼓等。

月子会所黄金套餐

8:00

八宝粥

芹菜豆干肉丝

10:00

水果燕窝

12:00

炒空心菜

胡萝卜烧肉

15:00

时令水果

黑木耳炒鱼片

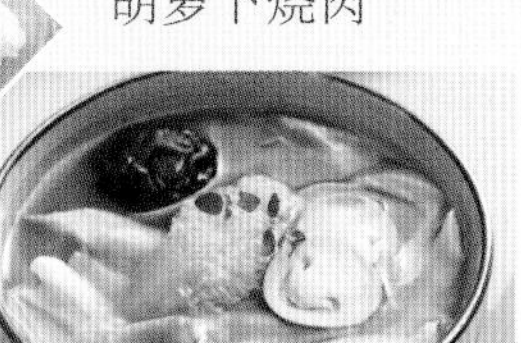

一品鲜菌汤

芝麻汤圆

18:00

黄花菜瘦肉汤面

炒花菜

麻油菠菜

21:00

莲藕银耳莲子汤

黑木耳炒鱼片

原料：鱼片200克，山药100克，干黑木耳2朵，红彩椒半个，植物油、盐、姜片各适量。

做法：1. 鱼片洗净，沥干水分；干黑木耳泡发洗净，撕小朵备用；山药洗净，去皮切片；红彩椒去蒂去子，洗净，切片备用。2. 油锅烧热，爆香姜片，放入鱼片、山药片、红彩椒片和黑木耳一起翻炒。3. 翻炒5分钟左右，加盐调味即可。

功效：此菜益气补虚、温中暖下，非常适合疲倦气短、失眠多梦的新妈妈食用。

胡萝卜烧肉

原料：五花肉150克，胡萝卜1根，冰糖、姜片、盐各适量。

做法：1. 胡萝卜洗净，去皮切滚刀块；五花肉洗净，切小块。2. 炒锅烧热，将肉块倒入锅中，转中小火煸至出油，倒入冰糖、胡萝卜块和姜片，加盐翻炒3分钟左右。3. 锅中倒入开水，没过食材，转小火慢炖，至五花肉软烂转大火收汁即可。

功效：胡萝卜中的胡萝卜素可增强视力，此菜还可增强体力，缓解产后疲乏。

一品鲜菌汤

原料：猴头菇、草菇各2朵，平菇1朵，干香菇、瑶柱、盐各适量。

做法：1. 干香菇泡发洗净，去蒂；平菇洗净，切去根部，撕片；猴头菇、草菇分别洗净，切开。2. 锅内放入水，大火烧开，放入香菇、草菇、平菇、猴头菇和瑶柱，焯水后捞出备用。3. 锅内加水烧开，放入焯好的食材，煮30分钟，加盐调味即可。

功效：菇类含有丰富的氨基酸、膳食纤维及多种维生素，可以促进食欲，增强体质。

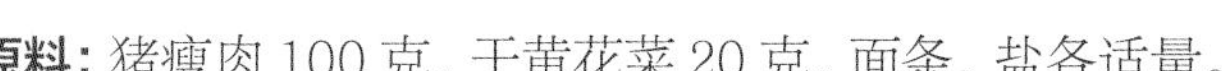

养心安神营养餐

黄花菜瘦肉汤面

主食

原料： 猪瘦肉 100 克，干黄花菜 20 克，面条、盐各适量。

做法： 1. 猪瘦肉洗净，切块备用。2. 干黄花菜浸泡洗净，同猪瘦肉一起放入锅中，加水煲 30 分钟左右，加盐再烧 5 分钟后起锅。3. 另起一锅，加水煮开，放面条煮 5 分钟，盛起装碗，将烧好的黄花菜瘦肉倒在面条上即可。

功效： 黄花菜是催乳的好食材，猪肉能为新妈妈补充铁元素，两者搭配使用，营养丰富。

炒花菜

菜

原料： 花菜 250 克，胡萝卜半根，高汤、植物油、盐、姜丝、芝麻油各适量。

做法： 1. 花菜洗净，掰小朵，焯水捞出备用；胡萝卜洗净切片。2. 油锅烧热，爆香姜丝，放入花菜和胡萝卜翻炒，加盐调味，加高汤大火烧开。3. 转小火煮 5 分钟后，淋上芝麻油即可。

功效： 花菜含有丰富的维生素 C，可增强肝脏能力，并能提高机体的免疫力，可预防感冒。

莲藕银耳莲子汤

汤

原料： 干银耳 20 克，莲藕 50 克，干莲子 10 克，冰糖 20 克，枸杞适量。

做法： 1. 干银耳、莲子提前用清水泡发 2 小时以上；莲藕洗净，去皮切块。2. 砂锅中加适量水，放入银耳、莲藕、莲子，大火煮开后转小火慢炖 30 分钟。3. 放入冰糖和枸杞，小火继续煮 5 分钟即可。

功效： 此汤有清热开胃、养心安神的功效。枸杞可以滋补肝肾、明目、润肺。

妈妈：会阴部消肿

顺产妈妈，特别是经过会阴侧切的，在产后都会感到会阴肿痛。在产后 20~30 天，会阴开始逐渐恢复并消肿。不过新妈妈仍需注意保护会阴，避免做剧烈的下蹲动作，不要提重物，也不要做任何耗费体力的家务和运动，并禁止性行为。如果遇到产后便秘，不要屏息用力强行排便，否则会加重会阴疼痛，应通过饮食调理改善，保持排便通畅。

宝宝：运动能力在变强

宝宝现在非常可爱，圆鼓鼓的小脸，粉嫩嫩的皮肤，反应也灵敏许多，运动能力也开始变强，喜欢蹬腿，而且还很有力。

宝宝开始对外界事物感兴趣，很喜欢听大人说话的声音。如果妈妈跟宝宝说话，宝宝会一直盯着妈妈看。如果妈妈走开，宝宝的视线会追随妈妈。如果妈妈在一边说话，宝宝自己会把头转过来。

爸爸：给宝宝看简单的黑白图案

高对比度的黑白图案对这个阶段的宝宝最有吸引力，爸爸可以将黑白图案的卡片放在离宝宝脸部约 20 厘米处慢慢移动，促使宝宝视线随着卡片的移动而移动，培养宝宝的视觉追逐能力。此外，爸爸也可以频繁变换卡片，将 10~20 张卡片快速变换，每张停留 2~3 秒，每次训练 1~2 分钟即可。

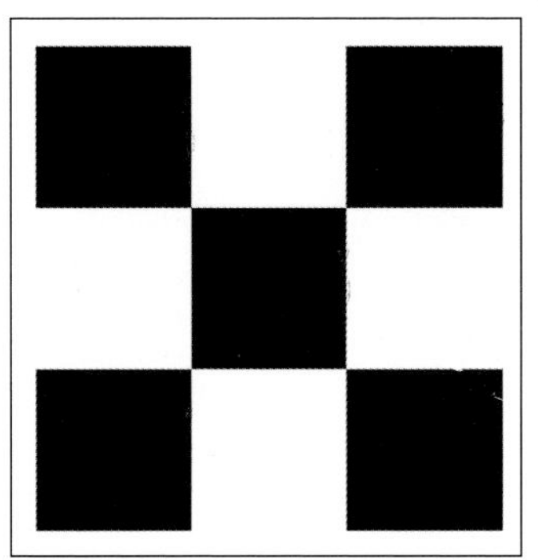

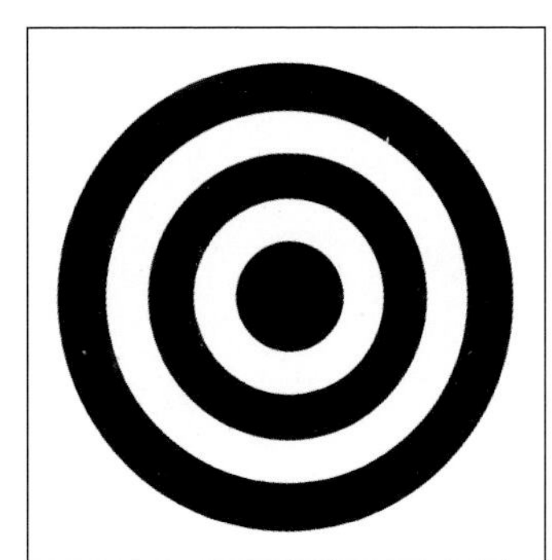

月子会所黄金套餐

8:00

南瓜薏仁粥

凉拌黄豆海带丝

10:00

酒酿蛋花羹

12:00

蚝油生菜

豉油蒸仔鸡

荷兰豆炒肉片

鲜菌奶白鲫鱼汤

15:00

红薯

时令水果

18:00

黑米饭

大白菜炒肉丝

麻油菠菜

炒河虾

胡萝卜玉米排骨汤

21:00

面包

牛奶

补血益气营养餐

凉拌黄豆海带丝

原料： 海带100克，黄豆20克，胡萝卜30克，熟白芝麻、芝麻油、盐各适量。

做法： 1.海带洗净，放入蒸锅中蒸熟，取出切丝；泡发黄豆；胡萝卜洗净切丝。2.泡好的黄豆和胡萝卜丝放入水中煮熟，捞出沥干。3.将海带丝、胡萝卜丝和黄豆放入盘中，放入芝麻油和盐搅拌均匀，撒上熟白芝麻即可。

功效： 黄豆有益气补血的效果，且富含膳食纤维；海带和黄豆中都含有较多的钙质，可以起到一定的补钙作用。

豉油蒸仔鸡

原料： 仔鸡半只，盐、生抽、姜片、红彩椒丝、蒸鱼豉油各适量。

做法： 1.仔鸡处理干净，切块，加盐和生抽，铺上姜片，腌半小时。2.腌好的鸡肉上抹一层蒸鱼豉油。3.放入锅内隔水蒸40分钟，装盘后用红彩椒丝点缀即可。

功效： 此菜可为新妈妈补充优质蛋白质。仔鸡有益五脏、健脾胃、补气血、催乳的功效，同时肉质鲜嫩易消化，适合产后乳汁少、脾胃不佳的新妈妈食用。

鲜菌奶白鲫鱼汤

原料： 鲫鱼1条，鸡腿菇100克，小葱、生姜、盐、植物油各适量。

做法： 1.鸡腿菇切小块，用盐水浸泡几分钟后，捞出沥干；小葱切段；生姜切丝；鲫鱼处理干净，沥干。2.油锅烧热，爆香葱段和姜丝，下入鲫鱼煎至两面金黄。3.另起砂锅，放入煎好的鲫鱼，放入没过鱼的水量，大火烧开，放入鸡腿菇块，转中小火慢炖20分钟，出锅时加盐即可。

功效： 鸡腿菇能促进新陈代谢，提高人体免疫力；鲫鱼含有丰富的优质蛋白质，此汤可促进新妈妈的乳汁分泌。

滋阴润燥营养餐

大白菜炒肉丝

原料： 大白菜 150 克，猪肉丝 70 克，植物油、姜片、盐、红彩椒丝各适量。

做法： 1. 大白菜洗净，切丝备用。2. 油锅烧热，爆香姜片，放入猪肉丝，翻炒至猪肉丝变色。3. 加大白菜丝翻炒均匀，加盐调味，出锅后放上红彩椒丝装饰即可。

功效： 大白菜中丰富的膳食纤维可以促进肠道蠕动，缓解产后便秘；猪肉富含蛋白质和多种矿物质，是产后体虚新妈妈的滋补佳品。

炒河虾

原料： 河虾 200 克，植物油、姜片、盐各适量。

做法： 1. 河虾洗净，剪去长须。2. 油锅烧热，爆香姜片，倒入河虾翻炒。3. 炒至河虾变红后，加盐翻炒均匀即可。

功效： 河虾具有良好的催乳作用，适合产后乳汁较少的新妈妈食用。虾中所含的钙还有助于改善新妈妈腰酸背痛的情况。

胡萝卜玉米排骨汤

原料： 猪排骨 150 克，胡萝卜 1 根，玉米 1 根，姜片、盐各适量。

做法： 1. 玉米洗净，斩段；胡萝卜洗净，切块。2. 猪排骨洗净，斩段，放入锅中加水烧开，撇去浮沫，捞出洗净。3. 全部食材和姜片一起放入砂锅中，加适量水，大火烧开转小火炖约 1 小时，出锅前加盐调味即可。

功效： 胡萝卜和玉米含有丰富的维生素，可益肝明目、调理肠胃；猪排骨有补益脏腑的功效，适合产后脾胃虚弱的新妈妈。

妈妈：注意皮肤清洁

与怀孕时相比，妈妈脸上的色斑和雀斑都可能变得更加明显。但这也只是暂时的，大约 6 个月后会逐渐转淡。不过为了更好地恢复，外出时涂抹防晒霜还是很有必要的。此外，适当吃一些番茄也有利于色斑和雀斑的淡化。

产后妈妈新陈代谢快，第一就是注意皮肤的清洁。洗澡时要彻底清洁皮肤，可选用温和的沐浴乳，再涂抹一些温和的妈妈专用的乳液。第二就是保证充足的睡眠和休息。如果产后妈妈时间充裕，也可以做一些美容措施，如坚持每天敷面膜或做皮肤按摩，在面膜的选择上最好是以天然为佳，如黄瓜薄片。

宝宝：去除头上的痂皮

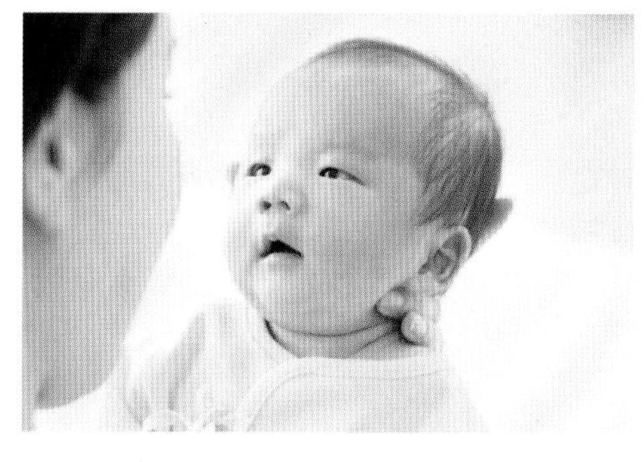

有的宝宝头皮上会长出一些痂皮，这是油脂分泌多又不注意清洁卫生所致。可先在痂皮上涂擦些蒸熟冷却的花生油，使痂皮变软，再用梳子轻轻刮梳。乳痂去掉后，要用温水将宝宝头皮洗净，然后用毛巾盖住宝宝头部直到头发干透。不要用手或梳子硬梳，以免损伤宝宝头皮引发感染。

爸爸：调整宝宝的睡姿

爸爸要关注宝宝的睡姿，最好左右轮流侧卧，这可以让宝宝全身肌肉放松，吐奶时也容易使口腔内的呕吐物流出，不会呛入气管。为了安全起见，最好不要让宝宝仰卧，仰卧会影响宝宝胸部和肺部的发育，也会造成呼吸困难。最好也不要让宝宝趴着睡，容易出现窒息。在帮宝宝翻身的时候一定要小心，动作要轻柔。

月子会所黄金套餐

8:00

枸杞鸡丝粥

炒黄瓜

10:00

蛋花羹

12:00

高钙小米烩海参

杏鲍菇炒鸡片

春笋炒黑木耳

枸杞甲鱼汤

15:00

百合炖雪梨

18:00

南瓜饭

丝瓜金针菇

麻油菠菜

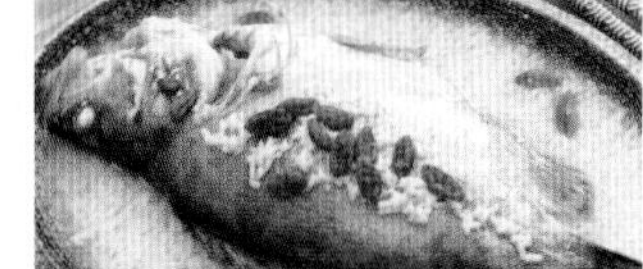
酒酿烧鳜鱼

黄花菜烧肉

21:00

发糕

豆浆

淡斑美容营养餐

高钙小米烩海参

原料：高钙小米 70 克，干海参 1 条，西蓝花、姜末、盐、蚝油、白糖各适量。

做法：1. 干海参泡发，洗净加水煮开，煮 20 分钟；小米淘净；西蓝花洗净，掰小朵，焯水。2. 小米放入水锅中，加入姜末，大火烧开转小火，煮至小米开花，加入海参煮 10 分钟。3. 加入西蓝花，调入盐、蚝油、白糖，煮 5 分钟左右即可。

功效：此粥可滋阴、通乳，适合产后体虚、乳汁少的新妈妈食用。

扫一扫 轻松学

春笋炒黑木耳

原料：春笋 250 克，干黑木耳 10 克，青椒 1 个，盐、植物油各适量。

做法：1. 春笋、青椒洗净切丁；干黑木耳温水泡发，洗净后撕小朵；所有食材焯水后捞出。2. 油锅烧热，倒入笋丁、青椒丁和黑木耳，翻炒 1 分钟，出锅前加盐即可。

功效：春笋中的膳食纤维有助于防治产后便秘，黑木耳中的铁可以改善新妈妈产后贫血的状况。

杏鲍菇炒鸡片

原料：鸡脯肉 100 克，杏鲍菇 2 朵，红彩椒 1 个，植物油、黄彩椒丝、姜丝、盐各适量。

做法：1. 鸡脯肉洗净，切片；红彩椒洗净，去蒂去子切片，留少许切丝；杏鲍菇洗净，切片焯熟。2. 油锅烧热，放入鸡肉片，炒 5 分钟后盛出备用。3. 锅内留底油烧热，爆香姜丝，放入鸡肉片和杏鲍菇片翻炒。4. 放入红彩椒片翻炒，加盐调味，加黄彩椒丝点缀即可。

功效：杏鲍菇营养丰富，可润肠养胃，与鸡肉同炒，还可以增加新妈妈的食欲，为新妈妈补充能量。

补水美白营养餐

丝瓜金针菇

原料： 金针菇 100 克，丝瓜 150 克，盐、水淀粉、植物油各适量。

做法： 1. 丝瓜洗净，去皮切条。2. 金针菇洗净，焯水后捞出备用。3. 油锅烧热，放入丝瓜条翻炒，再放金针菇拌炒，断生后加盐调味，用水淀粉勾芡即可。

功效： 金针菇富含膳食纤维，能促进肠道的蠕动，有助于消化和防止便秘，丝瓜富含膳食纤维和维生素 C，具有补水美白的功效。

酒酿烧鳜鱼

原料： 鳜鱼 1 条，酒酿 100 克，姜末、枸杞、植物油、盐各适量。

做法： 1. 鳜鱼处理干净，放入油锅略煎，盛起备用；枸杞洗净。2. 另起一锅，锅里加水没过鱼身，加姜末和枸杞大火煮开，盖上锅盖煮 5 分钟。3. 加入酒酿，炖 20 分钟，加盐调味即可。

功效： 鳜鱼含有丰富的蛋白质和矿物质，且极易消化；此外还富含抗氧化成分，对美肤养颜有一定的效果。

黄花菜烧肉

原料： 干黄花菜 50 克，五花肉 150 克，植物油、姜片、老抽、盐各适量。

做法： 1. 干黄花菜用温水浸泡 1 小时，洗净沥干；五花肉洗净切块。2. 油锅烧热，爆香姜片，放入五花肉翻炒，加老抽调味，炒至五花肉变色。3. 翻炒入味后，加水和黄花菜，大火烧开，转中小火焖煮约 20 分钟，加盐调味，大火收汁即可。

功效： 猪肉有益五脏、补虚损、健脾胃、强筋骨的作用，而且蛋白质含量丰富，可以提高妈妈的抵抗力。

产后第 5 周

调整期

本周饮食重点

新妈妈的身体各器官逐渐恢复到产前状态，进一步调整产后的健康状况是本周的重点。新妈妈要抓住这个调整体质的黄金期，不要因急于瘦身而白白浪费了大好机会，但是可以适当减少高脂肪和高热量食物的摄入。本周的饮食结构和上周相差不大，增强机体抵抗力、催乳仍是重点。

宜用体重衡量月子餐是否合理

月子餐是否科学会直接影响到产妇的体重恢复，科学的月子餐不是鱼鱼肉肉的堆积，而是根据产妇的情况，如孕期情况、分娩情况和宝宝成长情况等进行合理搭配。科学的月子餐既可以促进泌乳，也可以减重，还可以增强体质，一般 28 天可以减重 2~2.5 千克，由此可以判断月子餐是否科学合理。

宜顺应季节饮食

顺应季节饮食是非常重要的。反季节食物因为生长的环境不同，营养素会大幅下降，甚至还有各种添加剂，所以常态吃的还是按季节来，不要一味追求每天不同，偶尔调剂口味吃一点不当季的也不要有太大的心理负担。

宜加入养颜食材

分娩后，新妈妈体内的雌性激素又恢复到先前的水平，很容易使妊娠纹更加明显，皮肤变得粗糙、松弛，甚至产生细纹。本周，新妈妈可适时增加一些养颜食材，为健康和美丽加分。

各类新鲜水果、蔬菜中含有丰富的维生素 C，具有消褪色素的作用。如柠檬、猕猴桃、番茄等。牛奶有改善皮肤细胞活性，延缓皮肤衰老，增强皮肤张力，刺激皮肤新陈代谢，保持皮肤润泽细嫩的作用；谷皮中的维生素 E，能有效抑制过氧化脂质的产生，从而起到干扰黑色素沉淀的作用，适量吃些糙米，补充营养的同时又能预防色斑的生成。

忌吃回乳食物

为了保证乳汁分泌，新妈妈需要进补催乳，多摄取富含优质蛋白的食物，还可以选用特效的催乳食物，如黄花菜、鲫鱼、猪蹄、茭白等。与催乳食物相对的，是回乳食物，如大麦及其制品、人参、韭菜、韭黄、花椒等，产后哺乳的妈妈应该忌吃这些具有回乳作用的食物。

忌饮食过酸、重口味

产后因为激素的改变，牙齿更为敏感，饮食过酸会损伤牙釉质，若不及时漱口，不注意口腔卫生，容易留下牙病隐患。另外，在整个母乳喂养期，新妈妈都要饮食清淡，特别是要远离重口味的腌制品、麻辣烫等，这些虽然是新妈妈吃的，但营养却是和宝宝分享的。

忌每顿吃太多

部分新妈妈认为，通过大量进食可以增加泌乳。其实不然，母乳跟产妇的体质、饮食、情绪、宝宝的吮吸量相关，而饮食最关键的是消化吸收，也就是要看脾胃功能。如果产妇的脾胃功能不好，吃多了反而是负担，一般推荐每顿吃七分饱。

新老观念对对碰

产后是否要多吃鸡蛋

✗ **老观念：**月子里多吃鸡蛋好	✓ **专家说：**鸡蛋并非吃得越多越好

过去人们平时吃的营养食物相当少，而当下中国已经进入营养过剩阶段，所以产后反而需要多吃富含膳食纤维、维生素、矿物质的食物。目前产后可食用的食材种类繁多，如果新妈妈不挑食，每天 1 个鸡蛋就能满足营养需求了，如果平时饮食偏素可以每天吃 2~3 个。

第29天

妈妈：腰部酸痛加重

本周，新妈妈的恶露几乎都没有了，白带开始正常分泌。但如果本周恶露仍未干净，就要当心是否子宫复原不全，子宫迟迟不入盆腔而导致的恶露不尽。

另外，新妈妈会感觉腰部发酸、无力，久坐后起不来，活动后酸痛感加重，严重的时候，卧床休息也不能缓解。产后腰痛一般不建议用药物来治疗，可通过日常护理加以改善。

缓解腰痛小妙招

· 腰部保暖。尽量避免久坐或久站，适时让腰部得到休息，平时注意保暖，产后宜穿高腰裤。

· 经常按摩腰部。如果感到腰部不适，可按摩、热敷疼痛处或洗热水澡，促进血液循环，减轻腰部不适。

· 补钙。产后哺乳会使钙流失加重，而缺钙会引起腰痛，所以新妈妈要多吃含钙量高的食物，如牛奶、豆腐、虾等。

· 适当控制体重。产后体重增加会加重腰椎负担，新妈妈应坚持合理饮食，尽早活动，以避免产后肥胖。

宝宝：吃奶时间缩短

这一时期，宝宝的吮吸能力增强，吮吸速度加快，吮吸一下，所吸入的乳量也增加了，吃奶时间自然就缩短了。这时妈妈往往认为奶少了，不够宝宝吃了，这是多余的担心。现在的宝宝比上个阶段更加知道饱饿，吃不饱就不会满意地入睡，即使一时睡着了，也会很快就醒来要奶吃的。

爸爸：给宝宝申报户口

爸爸不要忽略了给宝宝申报户口这件事。申报户口要带齐必要的材料，到户口所属的派出所填写户口申请单，进行户口登记，办理完各项手续后，宝宝的大名就添加在户口本上了。从此，在法律上宝宝就正式成为家中一员，享受到应当享受的权利。

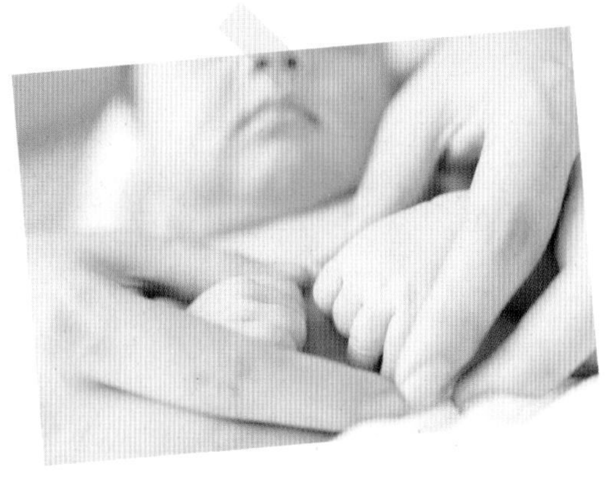

月子会所黄金套餐

8:00

三鲜面

银耳莲子汤

12:00

红豆饭

青椒土豆丝

香菇炖面筋

花生猪蹄

紫菜文蛤汤

牛奶燕麦片

18:00

银鱼蒸蛋

香菇蒸乌鸡

麻油紫甘蓝

芦菜豆干肉丝

小吊梨汤

消肿养胃营养餐

红豆饭

原料：红豆、糯米各30克，大米50克。

做法：1.红豆洗净，加水煮开后，转中火煮10分钟，关火晾凉。2.糯米、大米淘洗干净沥干，放入红豆汤中，混合泡1小时左右，再用电饭锅煮熟即可。

功效：红豆营养丰富，可利尿消肿，食用后有很强的饱腹感，补充能量的同时有助于抗疲劳，使新妈妈保持好情绪。

花生猪蹄

原料：猪蹄1只，花生米、姜片、盐各适量。

做法：1.花生米提前浸泡2小时；猪蹄洗净，用镊子拔去杂毛，斩块，汆水后捞出备用。2.汤锅里放入猪蹄、花生米、姜片和适量水，大火烧开后撇去浮沫。3.转小火炖煮2小时左右，加盐调味即可。

功效：猪蹄是常见的针对新妈妈产后缺乳的食疗食材，也是提高哺乳妈妈乳汁质量的滋补佳品。

紫菜文蛤汤

原料：文蛤20克，紫菜、植物油、姜片、盐、黄彩椒丝各适量。

做法：1.文蛤用盐水浸泡，使其完全吐沙。2.锅里加适量水和姜片，煮至姜片出味，加入几滴植物油，倒入文蛤。3.待水烧开，文蛤开壳，加紫菜略煮，加盐调味，放上黄彩椒丝点缀即可。

功效：紫菜富含钙、铁和碘等矿物质，可改善新妈妈贫血、水肿的情况。此汤不仅能增进食欲，对改善产后体虚、头晕乏力等症状也有一定帮助。

补虚润燥营养餐

银鱼蒸蛋

菜

原料：银鱼40克，鸡蛋3个，柠檬半个，盐、生抽各适量。

做法：1.银鱼洗净，捞出沥干，放入碗中备用。2.往银鱼碗中挤入少许柠檬汁，放入盐，搅拌均匀腌15分钟。3.另取一碗，打入3个鸡蛋，加盐，打散，倒入适量水。4.蛋液过筛入碗，用勺子撇去浮沫，盖上保鲜膜，冷水入蒸锅，盖上锅盖，中火蒸约10分钟后揭盖，掀开保鲜膜，放上银鱼稍蒸即可。

功效：银鱼富含蛋白质，此菜能滋阴润燥，增强免疫力。

香菇蒸乌鸡

菜

原料：乌鸡腿1个，干香菇3朵，白糖、盐、干淀粉、姜片、生抽、黄彩椒丝、红彩椒丝各适量。

做法：1.干香菇泡发洗净，剪去伞柄，切片。2.乌鸡腿洗净，切块，放入盘中，加白糖、盐、干淀粉、姜片和生抽搅拌均匀，腌1小时左右。3.将乌鸡腿肉和香菇摆放在盘子上，放上红彩椒丝和黄彩椒丝，上锅隔水蒸20分钟左右即可。

功效：乌鸡对产后缺乳有一定的改善作用，但此菜催乳快，必须保证在乳腺畅通的情况下食用。

小吊梨汤

汤

原料：雪梨1个，干红枣5颗，干银耳10克，冰糖5克，枸杞3克。

做法：1.干银耳温水泡发洗净，撕成小朵；雪梨、干红枣洗净，切块。2.砂锅中加足量水，放入银耳、红枣块、雪梨块，大火煮开，转小火慢炖30分钟，放入枸杞。3.根据个人口感加入冰糖，小火慢炖10钟后出锅。

功效：雪梨有生津润燥、清热化痰的作用；银耳富含天然胶质，有润泽皮肤的效果，且其中的膳食纤维可促进肠胃蠕动。

妈妈：出去透透气

这时候的新妈妈，全身各部位几乎完全恢复正常，心情也变得轻松了。天气晴朗的时候，可以带着宝宝走出房间，呼吸一下室外的新鲜空气。空闲的时候，也可以自己出去就近散步，对健康大有好处，也有利于让自己尽快调整到怀孕前的生活。

不妨就在宝宝满月的这天，和爸爸一起，带宝宝去拍一套满月照吧！尽量选择室内拍摄，并带上宝宝的衣物、奶、纸尿裤、湿纸巾、毛巾以备用。拍完照回家，可以举行小型的家庭聚会，给宝宝适当庆祝，增强亲子间的亲密互动，表达对宝宝健康成长的美好祝愿。

宝宝："满月头"不宜剃

在宝宝满月这天，一些地方有剃"满月头"的习俗，把胎发全部剃光，这样将来宝宝的头发会长得又黑又密。这并没有科学依据，专家认为，头发长得快与慢、粗与细、多与少，与剃不剃胎发并无关系，而是与宝宝的生长发育、营养状况及遗传等因素有关。宝宝皮肤薄、嫩，抵抗力弱，剃刮容易损伤皮肤，引起皮肤感染。如果细菌侵入头发根部破坏了毛囊，不但头发长得不好，反而会导致脱发。如果宝宝出生时头发浓密，且正好是炎热的夏季，为防止湿疹，可以把宝宝的头发剃短。

爸爸：带宝宝注射乙肝疫苗

满月后，爸爸应该带宝宝去注射第二针乙肝疫苗了。注射乙肝疫苗能够提高宝宝自身抵抗乙肝病毒的能力，有效地阻挡乙肝病毒通过母婴传播。宝宝不仅能防止来自新妈妈的乙肝病毒，也能防止通过其他途径的病毒感染，疫苗的注射给宝宝撑起了一把"保护伞"。

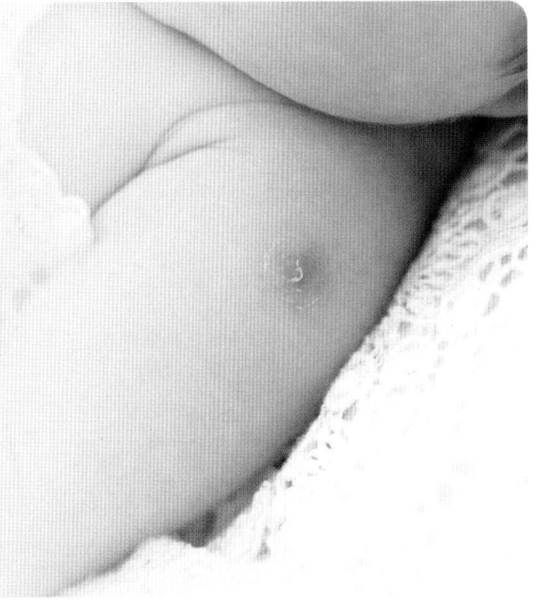

月子会所黄金套餐

小米山药粥 香菇青菜 牛奶 吐司

麻油菠菜 蒸鸡蛋 红薯 狮子头 山药彩椒炒猪肚 银耳莲子汤

五谷饭 清蒸多宝鱼 芹菜豆干肉丝 莲藕排骨汤 红豆汤

改善体虚营养餐

狮子头

原料：去皮五花肉末 150 克，胡萝卜半根，青菜心、鸡蛋液、姜末、干淀粉、白糖、盐、生抽、老抽各适量。

做法：1. 青菜心洗净；胡萝卜洗净切碎，加五花肉末、姜末、干淀粉、白糖、鸡蛋液，搅拌上劲。2. 电饭锅中倒入开水、盐、生抽和老抽，取出肉馅做成圆形放入电饭锅中，启动后煮至狮子头成型。3. 将狮子头移到炖盅，倒入电饭锅中的汤汁，隔水炖 1 小时，加青菜心稍煮即可。

功效：此菜能提供血红素铁，改善产后缺铁性贫血。

蒸鸡蛋

原料：鸡蛋 2 个，盐、葱花、生抽各适量。

做法：1. 碗中打入鸡蛋，打散。2. 蛋液中倒入凉白开水，边倒边搅拌。3. 在蛋液中加盐，边放边搅拌；蛋液过筛至另一碗，刮掉表面的浮沫，盖上保鲜膜。4. 蒸锅中倒入适量水，烧开后放入蛋液碗，中火蒸 10 分钟，取出揿去保鲜膜，加少许生抽，撒上葱花即可。

功效：鸡蛋中含有的卵磷脂不但能抑制人体对胆固醇的吸收，还能加快人体内胆固醇的分解与代谢，适合产后新妈妈食用。

山药彩椒炒猪肚

原料：熟猪肚 150 克，山药 100 克，红彩椒 1 个，植物油、姜片、盐各适量。

做法：1. 山药洗净，去皮切片；红彩椒洗净，切片；熟猪肚处理干净，切丝，汆水，捞出备用。2. 油锅烧热，爆香姜片，放入猪肚翻炒片刻。3. 加山药片和红彩椒片，翻炒至熟，加盐调味即可。

功效：山药和猪肚同食，有补虚损、健脾胃之效，非常适合产后体虚的新妈妈食用。

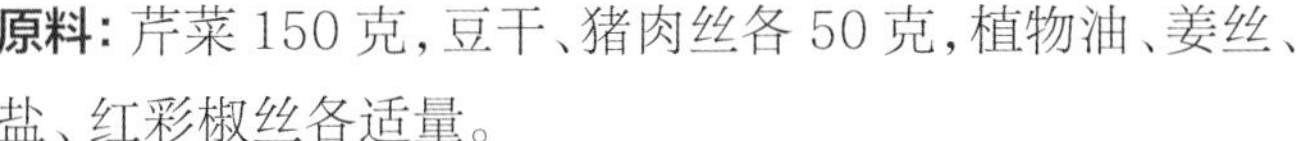

预防便秘营养餐

芹菜豆干肉丝

原料：芹菜 150 克，豆干、猪肉丝各 50 克，植物油、姜丝、盐、红彩椒丝各适量。

做法：1. 芹菜洗净，切段；豆干洗净，切条。2. 油锅烧热，爆香姜丝，放入猪肉丝煸炒至变白，放入豆干继续煸炒片刻，盛出备用。3. 锅内留底油，放入芹菜翻炒 3 分钟，放入炒过的肉丝和豆干，加盐调味，放上红彩椒丝点缀即可。

功效：芹菜含有丰富的膳食纤维，有利于防治产后便秘；豆制品中含有丰富的蛋白质，有利于乳汁分泌。

清蒸多宝鱼

原料：多宝鱼 1 条，盐、姜片、红彩椒丝、黄彩椒丝、蒸鱼豉油各适量。

做法：1. 多宝鱼处理干净，在鱼身上斜切几刀，用盐将鱼身及鱼腹内抹遍，腌 10 分钟。2. 蒸盘铺上姜片，再把鱼放上，将剩余姜片、红彩椒丝和黄彩椒丝铺在鱼身上。3. 锅中倒入适量水烧开，将蒸盘放入蒸锅，大火蒸 15 分钟。4. 鱼蒸好后，拣去姜片，倒掉蒸鱼时出的水；另起锅，加热蒸鱼豉油，倒在鱼上即可。

功效：多宝鱼含有的脂肪酸是人体必需的脂肪酸，能降血脂、增强记忆力，可有效改善产后健忘症状。

莲藕排骨汤

原料：排骨 200 克，莲藕 1 节，枸杞、姜片、盐各适量。

做法：1. 排骨剁块，洗净，汆水去血水，捞出沥干；莲藕洗净，去皮切小块。2. 锅中加入足量水，放入姜片，倒入排骨，盖上锅盖，大火烧开后转小火炖 30 分钟。3. 加莲藕和枸杞，继续炖 40 分钟，加盐调味即可。

功效：莲藕含有丰富的维生素 K，具有收缩血管和止血的作用，对子宫出血具有辅助治疗作用。

妈妈：改善乳房下垂

怀孕期间由于雌性激素的作用，促使乳腺生长，乳房内的血管也变得较为粗大，不仅向前推高，同时也向两腋扩大。分娩后，乳房虽然有一定的自我复原能力，但很难一下复原，再加上新妈妈哺乳期间不注意乳房的保护，致使乳房不再挺拔，变得松弛下垂。此时，新妈妈可以利用胸部健美操，让乳房恢复往昔的美丽和挺拔。

胸部健美操

- 向前弯腰，双手放在膝上，上身尽量向前，背部保持挺直并收缩腹部，保持 15 秒。
- 双手握拳，屈上臂成 90°，贴紧身体，并尽量提高，保持 10 秒。
- 肩膀打开，背部挺直，双臂伸直，用力向后伸展，保持 15 秒。
- 双脚分开，双手抱住后脑勺，身体向左右各转 90°，重复 20 次。

宝宝：爱吃自己的小手

吮吸手指是大多数宝宝生长发育过程中常见的生理现象，当手指放在嘴里时，宝宝感到愉快，达到自我宽慰的目的。如果宝宝经常吮吸手指，新妈妈应首先调整喂养方式，确保宝宝不是因为饥饿的缘故吮吸手指；同时，新爸爸和新妈妈要多关注宝宝的心理需求，抽出时间，多与宝宝在一起，交流感情，陪宝宝做游戏，使宝宝有充足的幸福感。

爸爸：定时擦洗宝宝的小手

给宝宝进行清洁工作，尤其是宝宝的小手，一定要擦洗干净。用无刺激性的肥皂清洗，洗后用柔软的干毛巾吸干，不要用力擦。新生儿的皮肤非常娇嫩，很容易被擦伤而引起感染。因此，特别要注意皮肤的清洁卫生并且避免损伤。

月子会所黄金套餐

小米红枣粥　蚝油生菜　煮鸡蛋　时令水果

板栗烧牛肉　炒莜麦菜　番茄鸡肉片　芹菜炒鸭肉　菜包　牛奶

红豆饭　宫保虾球　爆炒鸡肉　麻油紫甘蓝　银耳雪梨露

板栗烧牛肉

原料：牛肉500克，板栗6颗，姜片、葱花、盐、植物油各适量。

做法：1. 牛肉切块，洗净汆水后捞出备用；板栗去壳去皮。2. 油锅烧热，放入板栗肉煸炒至表皮发黄，捞出。3. 锅中留底油，爆香葱花和姜片，放入牛肉、盐和适量水。4. 大火煮沸后，撇去浮沫，转小火炖，待牛肉熟时下板栗，至牛肉熟烂、板栗绵软时收汁即可。

功效：板栗性温，有养胃健脾、补血等功效；牛肉中的蛋白质含量高且脂肪含量低，适合产后的新妈妈食用。

番茄鸡肉片

原料：鸡脯肉100克，荸荠20克，鸡蛋清1个，番茄2个，水淀粉、盐、白糖、植物油各适量。

做法：1. 鸡脯肉洗净，切片，放入盐、鸡蛋清、水淀粉腌制。2. 荸荠洗净，去皮切片；番茄洗净，切丁。3. 油锅烧热，大火炒至鸡肉片变白后捞出。4. 放入荸荠片、盐、白糖和番茄丁，加适量清水，大火烧开后，用水淀粉勾芡。5. 倒入鸡肉片翻炒均匀即可。

功效：番茄酸甜可口，能够改善产后新妈妈食欲不振的情况；鸡肉可以提供丰富的蛋白质。

芹菜炒鸭肉

原料：鸭肉150克，芹菜100克，植物油、姜片、生抽、盐各适量。

做法：1. 鸭肉洗净剁块，汆水后捞出备用；芹菜择洗干净，切段。2. 油锅烧热，爆香姜片，倒入鸭肉块，炒至鸭肉变色，倒入芹菜段翻炒。3. 锅内加生抽，翻炒片刻至上色，出锅前加盐调味即可。

功效：芹菜富含膳食纤维，能够促进肠道蠕动，防治新妈妈产后便秘。鸭肉含有丰富的蛋白质，补虚润肺，强健体质。

催乳益气营养餐

宫保虾球

原料：对虾 300 克，花生米 100 克，蚝油、料酒、白糖、干淀粉、醋、盐、植物油、葱花、姜末各适量。

做法：1. 对虾去壳去虾线，取虾仁洗净沥干，放入盐、料酒和干淀粉，搅拌均匀后腌 15 分钟；花生米去皮备用。2. 油锅烧热，倒入虾仁，炸至变白，捞出控油。3. 锅内留底油，爆香葱花和姜末，加蚝油、醋和白糖，放入虾仁和花生米，翻炒至呈酱色即可。

功效：虾有很好的通乳作用，可调节人体免疫力。

爆炒鸡肉

原料：鸡肉 200 克，胡萝卜、土豆、香菇各 30 克，盐、酱油、植物油、干淀粉各适量。

做法：1. 胡萝卜、土豆洗净，去皮，切块；香菇洗净，切片；鸡肉洗净，切丁，用酱油和干淀粉腌 10 分钟。2. 油锅烧热，放入鸡丁翻炒片刻，再放入胡萝卜块、土豆块和香菇片，加适量水，煮至土豆绵软，加盐调味即可。

功效：香菇嫩滑香甜，含有丰富的蛋白质和多种人体必需的微量元素，有助于降低体内胆固醇，与鸡肉搭配，蛋白质互补，营养更均衡。

麻油紫甘蓝

原料：紫甘蓝半棵，黄彩椒 1 个，芝麻油、盐各适量。

做法：1. 紫甘蓝洗净、切条，焯水后捞出沥干；黄彩椒洗净，切条。2. 锅加热后，倒入芝麻油，加紫甘蓝条和黄彩椒条翻炒至熟，加盐调味即可。

功效：紫甘蓝营养丰富，可促进消化，预防便秘，它含有的抗氧化成分还能够保护身体免受自由基的损伤，并有助于细胞更新，促进伤口愈合。

第32天

2 3 4 5 6 7 8 9 10 11 12 13 14 15 16 17 18 19

妈妈：坏情绪影响乳汁质量

处于哺乳期的妈妈可能会发现，如果自己的心情抑郁，宝宝一吃完奶也会变得很烦躁，经常莫名其妙地啼哭。妈妈的乳汁泌出也不如前几天顺畅，颜色也似乎不大对劲了。这种情况的产生，就是因为产后初期妈妈的情绪波动太大，内分泌系统和自身的气血受到影响，使得乳汁的质量也发生了变化。

保持平和的心情才能保证乳汁的质和量。想要乳汁充足，哺乳期的妈妈除了要有充足的睡眠和休息外，还要避免精神和情绪上的起伏，所以最好不要做令情绪大起大落的事情。多听听音乐、读一些好书、做一点运动，通过各种方式稳定好自己的情绪，尽量保持平和的心情。另外，要多喝水及牛奶以保证水分和钙量，在饮食上也要注意营养搭配，多吃动物性食品和豆制品、新鲜蔬菜水果等，还可吃些海带、紫菜、虾米等含有丰富的钙及碘的海产品。

宝宝：牙床上长“小牙”

俗话说“七爬八坐九长牙”，可是刚刚出生1个月的小宝宝牙床上就出现了米粒大小的白颗粒，看起来很像小牙。事实上，新生宝宝牙床上看上去像“小牙”的东西并不是牙齿，而是口腔黏膜上皮细胞堆积引起的，不痛不痒，也不会给宝宝带来任何不适。经过进餐摩擦、吮吸，它们会自行脱落，新手爸妈不必担心。如果这些“小牙”长期不脱落，新手爸妈可带宝宝去医院检查。需要注意的是，发现这些“小牙”后，千万不要用针挑或用纱布巾擦。

爸爸：防止宝宝睡偏头

宝宝出生后，头颅都是正常对称的，但由于宝宝骨质密度低，骨骼发育又快，所以在发育过程中极易受外界条件的影响。如果宝宝的头总侧向一边，受压一侧的枕骨就变得扁平，这时容易出现头颅不对称的现象。但一般都会在1岁以内得到自然纠正，只要注意给宝宝补充维生素D，预防颅骨软化就可以了。

月子会所黄金套餐

紫菜馄饨　煮鸡蛋　+　时令水果

西葫芦胡萝卜肉片　麻油芹菜　豆皮炒肉丝　山药鲫鱼汤　+　豆浆　蛋糕

红豆黑米粥　酥炸藕丸　香菇青菜　地三鲜　芪归炖鸡汤　+　木瓜花生汤

降压补钙营养餐

红豆黑米粥

原料： 红豆、黑米各50克，大米20克。

做法： 1. 红豆、黑米、大米淘洗干净，浸泡2小时。2. 将浸泡好的红豆、黑米、大米放入锅中，加足量水，用大火煮开。3. 转小火煮至红豆开花，黑米和大米熟透即可。

功效： 红豆可以滋补气血，黑米富含多种维生素和微量元素，可以滋补身体，且此粥易于消化，有利于新妈妈的身体恢复。

麻油芹菜

原料： 芹菜100克，当归2片，枸杞、盐、芝麻油各适量。

做法： 1. 当归加水熬煮5分钟，滤渣取汁。2. 芹菜择洗干净，切段，焯水后捞出备用；枸杞用冷开水浸洗10分钟。3. 芹菜段用盐和当归水稍腌片刻，再放入少量芝麻油，腌入味盛盘，撒上枸杞即可。

功效： 当归有一定的抗氧化功效，可帮助新妈妈修复产后受损的细胞；芹菜还能缓解产后便秘的问题。

豆皮炒肉丝

原料： 豆皮100克，猪肉80克，青椒2个，葱末、姜末、蒜片、生抽、料酒、醋、白糖、盐、干淀粉、植物油各适量。

做法： 1. 猪肉、豆皮、青椒洗净，切丝。2. 猪肉放碗里，加葱末、姜末、料酒、生抽、盐和干淀粉抓匀，腌制。3. 油锅烧热，放入猪肉丝炒变色后放入蒜片、青椒丝和豆皮丝翻炒片刻。4. 放入醋、生抽和白糖，翻炒均匀即可。

功效： 豆皮中含有较多的蛋白质和多种矿物质，尤其是钙含量比较多，哺乳妈妈钙流失较多，可适量吃些豆皮。

增强体质营养餐

酥炸藕丸

菜

原料：莲藕 2 节，盐、植物油各适量。

做法：1. 莲藕去皮洗净，切块，将莲藕块放入破壁机中，搅拌 2 分钟，至莲藕变成细腻的藕泥即可。2. 碗中铺过滤纱布，取出藕泥放入纱布中，挤出水，藕泥放入碗中，加盐搅拌均匀，掌心抹少许植物油，取适量藕泥搓圆。3. 油锅烧热，放入藕丸炸 3 分钟至表面金黄且变硬后捞出，用厨房纸上吸去多余油分，淋上喜欢的酱汁即可。

功效：莲藕可补益气血，开胃促消化，增强机体免疫力。

地三鲜

菜

原料：茄子 1 根，土豆 1 个，青椒 1 个，姜末、蒜末、蚝油、白糖、生抽、盐、植物油各适量。

做法：1. 茄子洗净，切块；青椒去蒂去子，切块；土豆洗净，去皮切块。2. 油锅烧热，分别倒入土豆块和茄子块，炸至金黄色，捞出控油。3. 锅内留底油，爆香姜末，加蚝油，翻炒均匀后加生抽、白糖和盐翻炒，倒入土豆块、茄子块和青椒块，翻炒至食材变软，加蒜末调味即可。

功效：此菜鲜美爽口，茄子的营养丰富，含有多种维生素以及钙、磷、铁等多种营养成分，能够健脾开胃，补充体力。

芪归炖鸡汤

汤

原料：公鸡 1 只，黄芪 50 克，当归 10 克，盐适量。

做法：1. 公鸡处理干净；黄芪去粗皮，洗净；当归洗净。2. 砂锅中加水后放入全鸡，烧开，撇去浮沫。3. 加黄芪和当归，小火炖 2 小时左右。4. 加盐，再炖 2 分钟即可。

功效：黄芪和当归同食，有利于产后子宫复原，但患有高血压的新妈妈慎用。

妈妈：脱发的困扰

产后受雌性激素分泌变化的影响，脱发是一种常见现象。但每天看着掉下的大把头发，妈妈不仅感到心疼，更担心发际线不断后移。其实通过改善饮食和生活习惯，可以减少脱发的发生。

减少脱发小妙招

· 多吃黑色食物。哺乳妈妈要注意饮食平衡，不能挑食、偏食，宜淡不宜咸。多吃黑豆、黑米、黑枣、黑芝麻等黑色食品，会令头发变得浓密黑亮。

· 定期洗头。只要注意保暖，月子期间也是可以洗头的，而且洗头有助于清除头皮上的油脂残留，减少脱发。

· 多按摩头部。月子期间，妈妈可常用梳子梳头或者用手指在头皮上进行按摩，这样有助于头部血液循环，加速新发的生长。妈妈梳头时建议使用牛角梳，有一定的保健作用，不易损伤头皮而引起不适。

宝宝：对复杂物体更感兴趣

宝宝已经不再满足于简单明亮的物体了，此时宝宝的视力也已发展到能看清 1 米以内的所有东西，能吸引宝宝的不再是黑白色块，他更喜欢那些更为复杂、有更多细节的图案、色彩和形状。爸爸妈妈要为宝宝准备一些玩具，比如软球和毛绒玩具，让宝宝多看看、多摸摸这些小玩意儿。

爸爸：拍下宝宝可爱的表情

宝宝有很多可爱的瞬间，新爸爸可以用相机或是手机给宝宝拍照。给宝宝照相一般都是自然光加柔光，不要用闪光灯，因为宝宝对刺眼的太阳光和闪光灯都非常敏感。拍照时一定要注意宝宝的情绪，宝宝哭闹时可以拍几张哭的照片，但不要太多。宝宝心情舒畅时，记录下阳光可爱的一面，当然是最好的了！

月子会所黄金套餐

8:00

八宝粥

炒莜麦菜

10:00

时令水果

12:00

豆浆小米粥

冬笋雪菜炒肉片

蚝油生菜

蒸龙利鱼柳

冬瓜玉米排骨汤

15:00

芝麻汤圆

18:00

小米饭

黄酒烹调虾

清炒藕片

胡萝卜炖牛肉

21:00

水果燕窝

清热解毒营养餐

豆浆小米粥

原料：小米 200 克，黄豆 100 克，蜂蜜适量。

做法：1. 将黄豆泡好加水磨成豆浆，用纱布过滤去渣，备用；小米洗净，泡水后磨成糊状，用纱布过滤去渣。2. 锅中放水，待沸后加入豆浆，再沸时撇去浮沫，然后边下小米糊边用勺向一个方向搅匀，开锅后撇沫。3. 放入蜂蜜，继续煮 5 分钟即可。

功效：小米健脾和中、益肾气、补虚损，是脾胃虚弱、产后虚损妈妈的不错选择。

扫一扫 轻松学

冬笋雪菜炒肉片

原料：五花肉 150 克，雪菜 100 克，冬笋 1 个，盐、老抽、生抽、小葱、姜、小米椒、植物油各适量。

做法：1. 五花肉洗净，切片；雪菜洗净，切碎；小葱洗净，切段；姜洗净，切片；小米椒洗净，切碎；冬笋剥掉外皮，去除头部与尾部，切片；五花肉洗净，切片。2. 锅中倒入适量水，烧开后倒入笋片，加盐，焯水，捞出沥干。3. 油锅烧热，倒入肉片煸炒出油，至表面微微焦黄，放入老抽、生抽，翻炒均匀，接着倒入雪菜碎、笋片翻炒，再倒入葱段、姜片、小米椒，出锅前加盐调味即可。

功效：冬笋是低糖低脂肪高纤维食物，它含的粗纤维较多，有促进肠道蠕动、帮助消化、缓解便秘之效。

蒸龙利鱼柳

原料：龙利鱼 1 块，盐、料酒、葱花、姜丝、豆豉、植物油各适量。

做法：1. 龙利鱼提前一晚放入冰箱冷藏室解冻，用盐、料酒、葱花、姜丝腌 15 分钟，入蒸锅，大火蒸 6 分钟，取出备用。2. 油锅烧热，爆香葱花，加入豆豉翻炒，淋在蒸好的龙利鱼上即可。

功效：龙利鱼中的不饱和脂肪酸能够改善记忆力，明目护眼。

排除瘀血营养餐

黄酒烹调虾

原料：沙虾150克，姜片、黄酒、盐各适量。

做法：1. 沙虾洗净，剪去须。2. 锅中放入黄酒、姜片，烧开后加入沙虾同煮一会儿。3. 加盐，继续翻炒至入味即可。

功效：虾营养丰富、肉质松软、易消化，是产后身体虚弱妈妈的进补佳品。

清炒藕片

原料：莲藕150克，植物油、盐、柠檬皮丝各适量。

做法：1. 莲藕洗净，切片。2. 油锅烧热，放入藕片翻炒。3. 加盐翻炒均匀，出锅后用柠檬皮丝点缀即可。

功效：莲藕不仅有助于提高食欲，帮助消化，还可促进伤口愈合。

胡萝卜炖牛肉

原料：牛肉250克、胡萝卜半根，植物油、酱油、姜片各适量。

做法：1. 牛肉洗净，切块，汆水去血沫，取出备用；胡萝卜洗净，切块。2. 油锅烧热，放入姜片和牛肉，翻炒出香味，倒入酱油和适量水，大火烧开后转小火，煮1小时。3. 放入胡萝卜块，再炖10分钟，至食材软烂即可。

功效：牛肉富含丰富的蛋白质，能提高机体抗病能力，适合产后妈妈的恢复。

妈妈：补血仍然很重要

不论是顺产还是剖宫产妈妈，分娩时都会出血，如果产后饮食偏素，更会加重贫血症状。如果纯母乳喂养的妈妈贫血，那么将会造成宝宝贫血，因为母乳中的含铁量很低。而这将造成宝宝营养不良，抵抗力下降，进而影响宝宝身体和智力发育。

因此，新妈妈切不可认为自己休整得差不多了，而忽略了补血。新妈妈要根据自身情况进行补血，可以多吃一些补血的食物，调理气血，如动物肝脏、黑豆、紫米、红豆、苋菜、黑木耳、荠菜等。另外，维生素 C 可以促进铁的吸收，月子期间，新妈妈在补铁的同时也要多吃新鲜蔬果。如果产后贫血严重，可在医生指导下服用铁剂。

宝宝：感觉和听觉能力变强

这时候的宝宝，皮肤感觉能力比成人敏感得多，有时爸爸妈妈不注意的时候，把一根头发或其他细小的东西弄到宝宝的身上，刺激了皮肤，宝宝就会左右乱动或者哭闹，表示很不舒服。这时的宝宝对冷、热、亮、暗都比较敏感，以哭闹向成人表示自己的不满。

另外，宝宝很熟悉爸爸妈妈的声音，熟悉的声音会令宝宝变得安静或更兴奋。在妈妈为宝宝哺乳、换尿布，或是洗澡时，应唱一些轻柔的歌曲或跟宝宝说说话。这些都是适合宝宝的交流方式，宝宝会在这个过程中渐渐地学习听和说。

爸爸：给宝宝进行语言训练

与宝宝的脸相距 20 厘米左右的范围内，爸爸对宝宝微笑并且说话，每次 2~3 分钟，每天坚持 1~2 次。经过多次练习后，宝宝会开始模仿爸爸“说话”。爸爸要多找机会根据生活情境和宝宝说话，通过这个训练，使宝宝感知语言，学会倾听，体会父爱的同时锻炼宝宝的语言能力。

月子会所黄金套餐

8:00

三鲜面

10:00

时令水果

12:00

扬州炒饭

蚝油生菜

土豆炖牛肉

酸甜豆腐

15:00

酒酿蛋花羹

18:00

蛋包饭

大白菜肉圆

21:00

蛋糕

慈姑烧肉

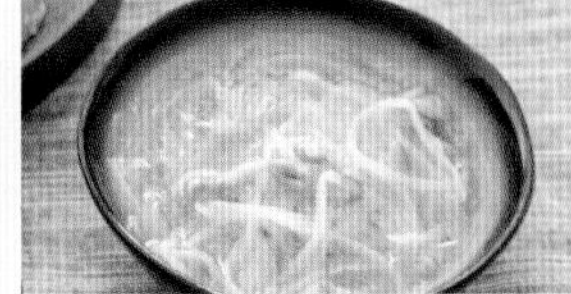

肉丝银芽汤

牛奶

预防便秘营养餐

土豆炖牛肉

原料： 牛后腱 200 克，土豆 200 克，胡萝卜、姜片、葱段、生抽、料酒、白糖、盐、植物油各适量。

做法： 1. 牛后腱洗净，切块，汆水去血水，捞出沥干；土豆、胡萝卜洗净，去皮切块。2. 油锅烧热，爆香姜片、葱段，放入牛肉块翻炒至变色，倒入生抽、料酒和白糖翻炒均匀，加土豆块、胡萝卜块，加水没过食材。3. 大火煮开，转小火煮至牛肉熟烂，最后转大火收汁，加盐调味即可。

功效： 土豆中的膳食纤维可促进胃肠蠕动，预防产后便秘。

蛋包饭

原料： 鸡蛋3个，胡萝卜、烤肠各1根，西蓝花2朵，米饭1碗，甜玉米粒、豌豆粒、盐、番茄酱、植物油各适量。

做法： 1. 胡萝卜洗净，去皮切丁；烤肠切粒；鸡蛋打散；胡萝卜丁、甜玉米粒和豌豆粒焯水备用。2. 油锅烧热，倒入2/3 的鸡蛋液，摇晃锅身摊平鸡蛋液，小火煎至鸡蛋液凝固，翻面，再煎片刻出锅。3. 锅中留底油，再加少量植物油，倒入剩下的鸡蛋液翻炒，倒入胡萝卜丁、甜玉米粒、豌豆粒和烤肠粒翻炒均匀，倒入米饭、番茄酱和盐，翻炒均匀后放在做好的蛋皮的一侧，翻起另一侧蛋皮盖上，挤上番茄酱。

功效： 蛋包饭富含碳水化合物，为新妈妈提供能量。

肉丝银芽汤

原料： 豆芽 100 克，猪肉 50 克，粉丝 25 克，盐、植物油各适量。

做法： 1. 猪肉洗净切丝，备用；豆芽择洗干净；粉丝浸泡。2. 油锅烧热，将豆芽、肉丝放入油锅，翻炒至肉丝变色，放入粉丝，加适量水和盐，共煮 5~10 分钟即可。

功效： 此汤可为新妈妈补充水分，所含的膳食纤维有助防治产后便秘。

改善食欲营养餐

酸甜豆腐

菜

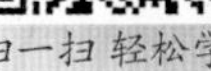

原料： 老豆腐2块，干淀粉、番茄酱、生抽、白糖、植物油各适量。

做法： 1. 老豆腐切成厚约1厘米的豆腐块，平底锅中倒入少许植物油，下入豆腐块，小火煎至豆腐块双面金黄，取出备用。2. 另取炒锅，挤入番茄酱并倒入适量水，小火翻炒沸腾。3. 加生抽和白糖，搅拌均匀，再将干淀粉加半碗水，混合均匀后倒入锅中，搅拌均匀熬至酱汁浓稠。4. 取煎好的豆腐块，淋上酱汁即可。

功效： 此道菜能改善新妈妈的食欲，而且热量低，不用担心长胖。

扬州炒饭

主食

原料： 米饭100克，鸡蛋1个，火腿50克，黄瓜、青豆、虾仁各50克，葱花、盐、植物油各适量。

做法： 1. 米饭打散；鸡蛋加盐打散；黄瓜洗净，与火腿分别切丁；青豆、虾仁洗净。2. 油锅烧热，倒入打散的鸡蛋，炒成块，盛出备用。3. 油锅烧热，爆香葱花，放入火腿丁、青豆、虾仁翻炒出香味，放入米饭、鸡蛋块和黄瓜丁翻炒开，加盐翻炒均匀即可。

功效： 多种多样的食材，不仅营养均衡，还可增进新妈妈的食欲。

大白菜肉圆

菜

原料： 香菇肉圆2个（50克），大白菜100克，植物油、生抽、盐各适量。

做法： 1. 大白菜剥开洗净，切小段。2. 油锅烧热，放入大白菜翻炒。3. 炒至大白菜变软，放入香菇肉圆，倒适量生抽，加适量水，盖上锅盖烧开，出锅前加盐调味即可。

功效： 大白菜含有丰富的膳食纤维，可以促进肠胃蠕动，缓解新妈妈产后便秘；猪肉是高蛋白食物，此菜可补虚催乳。

第35天

妈妈：按摩乳房

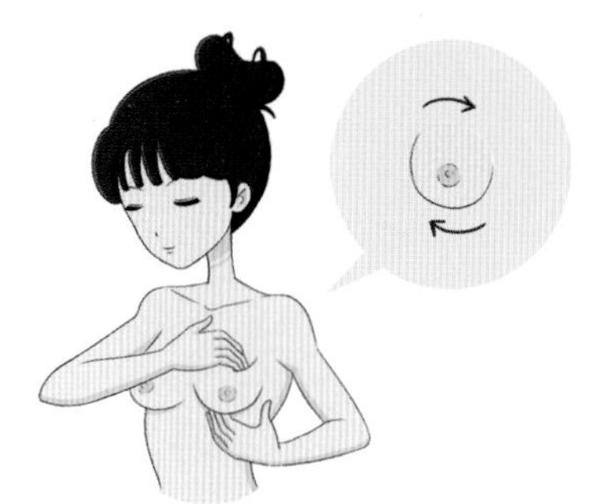

哺乳期间，对乳房护理是保证哺乳成功的重要因素。妈妈哺乳前和哺乳后对乳房按摩，不仅可以促进乳汁分泌，还能让乳房更加健美。每次哺乳前，妈妈可以用热毛巾敷乳房 2~3 分钟，然后将一只手的手指并拢，放在一侧乳房上，以乳头为中心，顺时针由乳房外缘向内侧划圈，两侧乳房各做 10 次。

宝宝：抓握反射表现最强

用手指触及宝宝手掌时，宝宝会紧紧抓住不放，这种行为叫抓握反射。一般来说，抓握反射能力在出生后第 5 周表现得最强，宝宝可以双手握紧一根棍棒，甚至可以使整个身体悬挂。出生 3~4 个月后，该反射会渐渐消失。

爸爸：在家庭和工作间寻求平衡

很多公司对新生儿父亲提出的要求，还是很乐于考虑的（毕竟老板们也为人父母，人之常情）。如果爸爸疑惑如何能在工作和家庭之间寻求平衡，不妨参考以下建议。

跟有孩子的同事聊聊。问问他们当时是怎么做的。他们可能还知道公司为新生儿父母提供的优惠政策。

及时沟通。尽管新爸爸休假、请假的要求合情合理，但是有时会与工作出现冲突，保持客观心态，及时和部门经理与主管沟通。

把家人“拉入伙”，让家人帮忙照顾妻子和宝宝，获得他们的支持，这样爸爸有事的时候，他们可以分担些工作。当然要记得感谢他们！

月子会所黄金套餐

芝麻汤圆 煮鸡蛋 豆浆

什锦鸡肉粥 腐竹拌黄瓜 红烧大排 枸杞甲鱼汤 时令水果

排骨汤面 肉片炒蘑菇 炒黄鳝丝 番茄玉米羹 香杧西米露

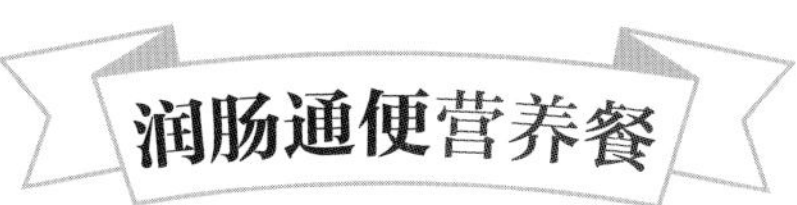

润肠通便营养餐

什锦鸡肉粥

原料：鸡翅 1 个，水发香菇 3 朵，虾 5 只，大米 100 克，青菜段、姜末、葱花、盐各适量。

做法：1. 鸡翅洗净，去骨切块，汆水；水发香菇洗净切块；大米淘洗干净；虾去壳去虾线，洗净切细，汆水。2. 锅内倒入适量水，放入鸡肉块、姜末和葱花，大火煮开后转小火继续煮，去其浮油。3. 倒入大米，中火煮 20 分钟，依次倒入虾肉、香菇块、青菜段，搅拌均匀，待粥熟后加盐调味即可。

功效：此粥含有丰富的蛋白质和膳食纤维，可以滋养五脏。

腐竹拌黄瓜

原料：豆芽 30 克，干腐竹 50 克，黄瓜半根，盐、醋、白糖、芝麻油各适量。

做法：1. 豆芽洗净；干腐竹用冷水泡开后，切段，焯至断生后捞出备用；黄瓜洗净切丝。2. 在锅中放入适量水，水沸后把豆芽放入锅中，焯熟后捞出备用。3. 将豆芽、腐竹、黄瓜丝与所有调料搅拌均匀即可。

功效：此道菜含有优质蛋白质、多种维生素和膳食纤维，具有一定的健脑作用，同时能有效促进机体的新陈代谢。

香杧西米露

原料：杧果 1 个，西米适量。

做法：1. 锅中放水煮沸，放入西米，等到西米熟软，捞出用凉水冲洗后倒入器皿中。2. 杧果去皮，一部分切块，一部分放入料理机，加水搅打成汁。3. 将杧果汁淋在西米上，再放上杧果块即可。

功效：杧果和西米搭配酸甜可口，特别开胃，还含有丰富的维生素 C。食用后可以促进肠胃蠕动，还有美容养颜的功效。

益气补血营养餐

排骨汤面

主食

原料：面条 100 克，猪排骨 50 克，小白菜 30 克，葱花、盐、酱油、面粉、植物油各适量。

做法：1. 小白菜洗净，焯熟，切丝。2. 猪排骨剁块，加酱油、盐腌 10 分钟，再加入面粉搅拌均匀。3. 油锅烧热，放入排骨块，炸熟，捞出控油。4. 将面条煮熟，捞出，放入碗中，面汤烧开，加酱油、盐、葱花搅拌均匀，倒入面碗中，再放上排骨和小白菜丝即可。

功效：排骨含有丰富的优质蛋白质，有利于产后身体的恢复。

炒黄鳝丝

原料：鳝鱼 200 克，韭黄 60 克，料酒、豆酱、葱花、姜片、酱油、醋、盐、植物油各适量。

做法：1. 鳝鱼处理干净，洗净，切丝；韭黄洗净，切段。2. 油锅烧热，倒入鳝鱼丝翻炒至起皱，倒入料酒、豆酱翻炒出香味，倒入葱花、姜片和韭黄，加酱油、醋和盐翻炒均匀即可。

功效：此道菜对新妈妈产后恢复十分有利，还能缓解新妈妈眼睛不适。

红烧大排

原料：猪大排 3 块，玉米淀粉 30 克，盐、老抽、料酒、生抽、植物油、葱花、葱段、姜片、干辣椒、八角、桂皮各适量。

做法：1. 猪大排放冷水中浸泡 10 分钟，去血水洗净，沥干，用刀背敲打后放入葱段和姜片，加料酒和盐腌制 10 分钟。2. 腌制结束后，将大排裹上玉米淀粉。3. 油锅烧热，放入大排炸至金黄色，捞出控油。4. 锅中留底油，爆香葱段、姜片、八角、桂皮和干辣椒，加适量水，放入炸好的大排，加老抽、生抽和没过大排的水，烧开后转小火，炖煮半小时，加盐调味，大火收汁，撒上葱花装盘即可。

功效：猪大排富含蛋白质和铁元素，可有效地预防产后贫血。

产后第 6 周

瘦身期

本周饮食重点

新妈妈的身体大致恢复如前，对于想恢复孕前身材的新妈妈来说，本周是最佳的瘦身时间。从现在起，新妈妈可以进行适当的运动，帮助减脂塑形。在饮食上，一定要遵循控制食量、提高品质的原则，多摄入调理气血的食物。

宜饮食运动相结合瘦身

健康的瘦身方式，应该是控制饮食、增加运动来消耗热量，两者相结合。在产后第6周，身体大致恢复后，新妈妈可以适当限制饮食，每天定量吃饭，进行有规律的运动。白天的活动量较大，早餐和午餐可以吃得相对多一些，而晚上活动量减少，可以吃得少一些。

宜控制进食量

如何控制月子里的饮食，既保证营养，又不增加额外热量，是很多妈妈感兴趣的话题。一般来说，每天选择3~5种蔬菜，其中绿叶菜保持300克，剩余200克可以是瓜果类、根茎类等。再来就是肉类，高蛋白低脂肪的肉类是首选，每天有2~3种，每种100克足够了。

宜每周吃1~2次动物内脏

越来越多的人不爱吃内脏了，原因是有部分人胆固醇高，还有一部分人是因为听说内脏是排泄的器官不敢吃。每种食物的营养素都有所不同，动物内脏也有其他食物不具备的营养素，所以建议每周吃1~2次。肝、腰子、心、肺都有不同的营养，增加可选择的品种，更换食材食用为宜。

忌贫血时进行瘦身

分娩时失血过多，会造成新妈妈贫血，在没有解决贫血的基础上，急于瘦身不但会加重贫血，还会使产后恢复变慢。所以，如果新妈妈有贫血症状，一定不能急于减肥，要在身体调理到正常水平之后，再开始执行瘦身计划。

忌节食减肥

分娩后，新妈妈必须通过充足的营养补充来提高自己的身体素质，恢复身体功能。如果靠节食减肥，营养跟不上，身体将很难恢复到产前的健康水平，甚至留下“月子病”，造成难以挽回的遗憾。此外，对哺乳妈妈来说，产后节食，势必会影响乳汁的质量，甚至造成乳汁不足，从而间接影响宝宝的健康，造成体质弱、营养不良。

忌使用减肥产品

产后瘦身切不可急功近利，使用减肥产品，这无疑跟节食一样，是一种强制减肥手段，对新妈妈的身体无益，不仅会造成副作用，还可能带来体重反弹，得不偿失。

新老观念对对碰

产后是否要控制体重

✗ 老观念：哺乳期就要多吃，胖一点奶水才充足	✓ 专家说：产后过胖对身体恢复不利

部分家长还陷在老观念中，总是怕营养不够、奶水不足，整天想着要产妇多吃点，天天吃鱼，顿顿吃肉，这种爱成了负担。其实大部分胖的产妇母乳反而少，所以胖瘦不是问题的关键，健康才是关键。产后不控制体重，不但会毁掉身材，还会带来慢性病等后遗症。

第36天

妈妈：腹部变得紧绷

刚生完宝宝后，妈妈的腹部会很松垮。从现在开始腹部开始恢复，慢慢变得紧绷起来。妈妈想要腹部自然恢复到产前的模样，还需要一段时间。在分娩后6周，妈妈可以使用腹带来帮助体形的恢复，有利于防止器官下垂，对内脏有举托作用。

腹带的选择及绑法

选择长约3米，宽30~40厘米，有弹性，透气性好的腹带。可以准备2~3条以替换，每天使用时间不超过12小时。

· 仰卧、平躺、屈膝、脚底平放在床上。

· 双手放在下腹部，手心朝下向前往心脏处推并按摩。

· 腿、臀部稍抬起，便于缠绕腹带。

· 拿起腹带，从髋部耻骨处开始缠绕，前5~7圈重点在下腹部重复缠绕，每绕一圈半要斜折1次。

· 接着每圈挪高2厘米，由下往上环绕直到盖过肚脐，最后用回形针固定。

宝宝：为什么会得枕秃

宝宝发生枕秃，主要是因为大部分时间都是躺在床上，脑袋跟枕头接触的地方容易发热出汗，使头部皮肤发痒，而宝宝不能用手抓，也不会说，因此常会通过左右摇晃头部的动作，来“对付”自己后脑勺因出汗而发痒的问题。经常摩擦后，枕部头发就会被磨掉而发生枕秃。关于这点，不用担心，等宝宝大些能坐起来，头发就会慢慢长出来。此外，如果枕头太硬，也会引起枕秃现象，这时可以给宝宝更换较软的枕头。

爸爸：给宝宝听听音乐

爸爸应为宝宝选择知名的音乐作品，曲目类型不限，只要旋律优美、格调优雅即可。听音乐可以提高宝宝的思维能力和想象能力，给宝宝以鼓舞和力量。经常听音乐的宝宝总是笑眯眯的，不怕生人，活泼可爱，左右脑均衡发展，长大后聪明，且创造能力强。

月子会所黄金套餐

煮鸡蛋
红薯粥
炒莜麦菜
时令水果

红豆饭
莴笋炒山药
青椒炒肚丝
黄芪当归鸡汤
牛奶

玉子虾仁
菠萝炒饭
魔芋菠菜汤
钙片

养护子宫营养餐

红薯粥

原料：红薯 100 克，大米 50 克。

做法：1. 将红薯洗净，去皮切块。2. 大米淘洗干净，浸泡 30 分钟。3. 将泡好的大米和红薯块放入锅内，加水用大火煮沸后，转小火继续煮成浓稠的粥即可。

功效：此粥易消化，养胃补虚，红薯中丰富的膳食纤维有助预防产后便秘。

玉子虾仁

原料：对虾 7 只，速冻豌豆 7 粒，日本豆腐 2 条，咖喱 1 块，盐、水淀粉各适量。

做法：1. 对虾去头去壳去虾线，洗净，汆熟后捞出沥干；日本豆腐切成厚约 2 厘米的小块装盘。2. 将熟虾仁放在日本豆腐上，再放上豌豆点缀。3. 将装有虾仁豆腐的盘子放入蒸锅，开中火，加盖，隔水蒸 3~5 分钟。4. 另取一锅，倒入适量水和咖喱块，加盐和水淀粉，熬煮成浓汤汁，淋在蒸好的虾仁豆腐上即可。

功效：虾仁含有较多的蛋白质和矿物质，有利于产后身体的恢复，且热量较低。豆腐含有优质的植物蛋白，且易于消化，适合肠胃不好的新妈妈食用。

莴笋炒山药

原料：莴笋、山药各 200 克，胡萝卜半根，盐、醋、植物油各适量。

做法：1. 莴笋、山药、胡萝卜分别洗净，去皮，切长条，焯水，沥干。2. 油锅烧热，放入处理好的食材翻炒，加入醋翻炒均匀，加入盐调味即可。

功效：莴笋可促进产后恢复，山药可以健脾胃，适宜产后肠胃功能较差的新妈妈食用。

排毒养颜营养餐

青椒炒肚丝

原料： 熟牛肚150克，青椒1个，植物油、姜片、盐各适量。

做法： 1. 熟牛肚切条；青椒洗净，去蒂去子切条。2. 油锅烧热，爆香姜片，放入熟牛肚翻炒。3. 倒入青椒条，炒至断生，加盐调味即可。

功效： 牛肚含蛋白质、脂肪和钙、磷、铁等多种矿物质，具有补益脾胃、补气养血的功效，适合气血不足、脾胃功能不佳的新妈妈食用。

菠萝炒饭

原料： 甜玉米粒30克，菠萝、鸡蛋各1个，胡萝卜、黄瓜各1根，米饭1碗，盐、植物油各适量。

做法： 1. 菠萝竖着对半切开，挖出中间的果肉，菠萝果肉切丁；胡萝卜洗净，去皮切丁；黄瓜洗净，切丁；鸡蛋打散。2. 锅中倒入适量水烧开，加盐，倒入胡萝卜粒、黄瓜粒、甜玉米粒，焯水后捞出沥干备用。3. 油锅烧热，倒入鸡蛋液，翻炒均匀，倒入米饭翻炒，放入胡萝卜粒、黄瓜粒和甜玉米粒，加盐翻炒至熟后放入菠萝丁略炒即可。

功效： 此菜含有丰富的碳水化合物，能够帮助新妈妈恢复体力。菠萝口味酸甜，开胃生津，玉米、胡萝卜和黄瓜含有膳食纤维，能防治便秘。

魔芋菠菜汤

原料： 菠菜100克，魔芋60克，盐、姜丝各适量。

做法： 1. 菠菜择洗干净；魔芋洗净，切成条，用热水煮2分钟，去味，沥干。2. 将魔芋、菠菜、姜丝放入锅内，加水用大火煮沸，转中火煮至菠菜熟软。3. 出锅前加盐调味即可。

功效： 魔芋中特有的纤维，是天然的"肠道清道夫"，也是产后瘦身食谱中不可缺少的食物，妈妈体内"毒素"减少，宝宝吃得才好。

第37天

妈妈：抓住瘦身黄金期

从现在开始到产后半年，是妈妈瘦身的黄金期，这段时间也是妈妈能否瘦身成功的关键。现在，新妈妈可以做一些中等强度的运动，如瘦腿运动，不仅能促进身体恢复，还能重塑形体。

瘦腿运动

- 两脚前后分开站立，右脚在前，左脚在后。
- 左膝弯曲，右腿绷直，右脚脚尖向上翘，双手按住右膝，拉伸右腿后侧，身体前倾。
- 左右腿交替进行 10 次。

宝宝：会模仿大人表情

面对这个世界，宝宝充满了好奇。现在，他开始会模仿大人的脸部表情了。如果爸爸妈妈做出一种夸张的表情，宝宝发现这种有趣的现象，也会跟着模仿。模仿是一种天生的学习能力，这种像镜子一样的反射，能够帮助宝宝提高自我意识。

爸爸：给宝宝选个婴儿睡袋

一个月大的宝宝睡觉时还不会翻身，但会蹬被子。新爸爸不要因为担心宝宝着凉就给宝宝多穿衣服睡觉，这是不对的，应该给宝宝选一个合适的婴儿睡袋。宝宝睡眠中手脚容易上下挥舞，选一个宽松型的睡袋，既不会给宝宝束缚感，也能防止宝宝因为蹬被子而着凉。选择睡袋时，新爸爸要全面考虑到睡袋的透气性、吸水性、保温性等各方面性能。

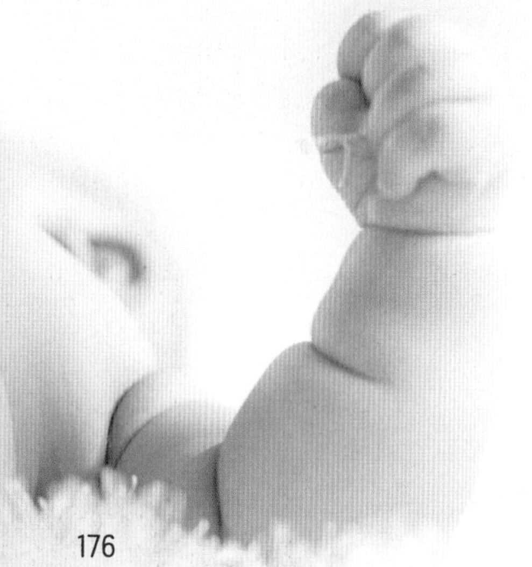

今日温馨提示

产后瘦身注意事项

三宜：宜与体力恢复同步，不要过度疲劳；运动前宜做准备运动；宜听取医生建议，进行适合自己的运动。

三忌：忌饭后立即运动，至少饭后 1 小时进行；剖宫产妈妈和会阴侧切的妈妈，不可强行做运动；身体疼痛时，必须马上停止，不要强迫自己。

月子会所黄金套餐

煮鸡蛋
南瓜薏仁粥
麻油菠菜
时令水果
鲜滑鱼片粥
香菇腰片
牛奶
蒜蓉茼蒿
冬瓜海带排骨汤
馒头
叉烧芋头饭
腰果鸡丁
松仁玉米
大白菜烧蛋饺
钙片

润肤美白营养餐

鲜滑鱼片粥

原料：大米 30 克，猪骨 50 克，水发腐竹 15 克，草鱼净肉 100 克，水淀粉、盐、姜丝各适量。

做法：1. 猪骨、大米、水发腐竹洗净，放入砂锅，加水用大火烧开，然后用小火慢熬至熟，加盐调味，拣出猪骨。2. 将草鱼肉切成片，用盐、水淀粉、姜丝搅拌均匀，倒入滚开的粥内即可。

功效：鱼肉和腐竹能提供优质的蛋白质，此粥不仅营养丰富，而且味道鲜美，能增进食欲。

香菇腰片

原料：猪腰 100 克，茭白 50 克，水发香菇 30 克，葱花、姜片、黄酒、盐、干淀粉和植物油各适量。

做法：1. 猪腰洗净，将里面的白色筋膜剔除干净，切花刀，洗净，沥干后加黄酒、盐、干淀粉搅拌均匀；茭白和水发香菇洗净，切片。2. 油锅爆香姜片，放入猪腰翻炒，再放入茭白和水发香菇，加黄酒、盐。3. 放入适量水，待沸后撒上葱花即可。

功效：猪腰具有补肾强身的作用，它还含有丰富的铁元素，极容易被人体吸收，有利于产后补血；香菇含有的大量膳食纤维，可促进胃肠蠕动，预防便秘。

冬瓜海带排骨汤

原料：猪排骨 200 克，冬瓜 100 克，海带、香菜、姜片、料酒、盐各适量。

做法：1. 海带洗净，泡软，切丝；冬瓜连皮切大块；猪排骨斩块，汆水，捞起。2. 将海带丝、排骨块、冬瓜块、姜片一起放进锅里，加适量水和料酒，大火煮沸 15 分钟后转小火炖熟。3. 出锅前盐加调味，撒上香菜即可。

功效：冬瓜清热利尿；海带中的碘元素丰富，热量还低，是很好的产后瘦身恢复的食材。

助消化营养餐

叉烧芋头饭

原料：米饭200克，芋头3个，叉烧50克，葱花、植物油各适量。

做法：1.芋头洗净，去皮切丁；叉烧切丁。2.米饭加热打散；芋头丁蒸熟。3.油锅烧热，煸香葱花，放入叉烧翻炒片刻。4.将芋头和叉烧放入米饭中，搅拌均匀即可。

功效：芋头有健胃补虚的作用，适宜脾胃虚弱的新妈妈食用，能帮助新妈妈补气血、促进身体的恢复。

蒜蓉茼蒿

原料：茼蒿100克，蒜蓉、姜丝、盐、植物油各适量。

做法：1.将茼蒿洗净。2.油锅烧热，爆香蒜蓉，放入茼蒿、盐和姜丝略炒至断生即可。

功效：茼蒿含膳食纤维较多，可助消化和降低胆固醇，新妈妈常食茼蒿对肺热、脾胃不和及便秘非常有益。

大白菜烧蛋饺

原料：大白菜200克，蛋饺5个，植物油、盐适量。

做法：1.大白菜洗净，切片。2.油锅烧肉，放入大白菜翻炒，八成熟时盛起备用。3.另起一锅，锅内加水，开大火，放入蛋饺，水开后转小火，煮30分钟。3.将大白菜倒入锅中，与蛋饺同煮约5分钟，出锅前加盐调味即可。

功效：大白菜含丰富的维生素、膳食纤维和抗氧化物质，能促进肠道蠕动，帮助消化。

妈妈：警惕妇科炎症

分娩时，女性产道完全打开，细菌很可能会进入产道甚至是宫颈内，而产后新妈妈身体免疫力明显下降，身体恢复期内若没有精心护理，就会诱发妇科炎症。新妈妈一定要注意私处卫生，谨慎护理。大小便后要用温水清洗，勤换卫生用品，并保持阴部清洁和干燥。一旦出现妇科炎症，要及时到医院就诊。

宝宝：身上可能起湿疹

宝宝身上起湿疹，一般有两种原因：一是肌肤干燥，二是过敏。一般来说，过敏可能是由母乳中的某些物质引起的，这种情况下，哺乳妈妈要少吃或暂不吃鲫鱼、鲜虾、螃蟹等诱发性食物，也要避免食用刺激性食物，如蒜、葱、辣椒等，以免乳汁加剧宝宝的湿疹。

对于皮肤干燥引起的湿疹，爸爸妈妈要给宝宝做好肌肤保湿工作。

洗澡时避免加剧皮肤干燥	不要给宝宝使用肥皂，或是会让皮肤变得十分干燥的沐浴露，而且要注意洗澡的水温不宜过高。
选择合适的保湿护肤品	给宝宝选用天然、少添加的护肤品，每次洗澡后，立即为宝宝全身涂抹护肤品，以增加宝宝肌肤的保湿度。
居家环境保湿	家里的湿度应该保持在 40% 以上，可以在家中放置湿度计来查看湿度，如果湿度过低，尤其是开空调保暖的时候，建议打开加湿器。

爸爸：多亲近宝宝

现在的宝宝会在短时间内保持安静和清醒，这是亲近宝宝的大好时机。利用宝宝安静的时光，更好地和他相处——陪他说说话，唱唱歌，逗逗笑，玩玩玩具。宝宝并不是什么都不懂，爸爸现在做的也不是在浪费精力，现在和宝宝相处的点滴，将会存储在他记忆的最深处。

月子会所黄金套餐

面包 牛奶 煮鸡蛋 时令水果

杂粮蔬菜瘦肉粥 什锦西蓝花 香酥鸽子 乌鱼汤 玉米糊

什锦香菇饭 芹菜豆芽拌香干 番茄炒鸡蛋 红枣猪肚汤 钙片

消肿通便营养餐

杂粮蔬菜瘦肉粥

原料: 大米、糙米各50克，猪瘦肉30克，菠菜、虾皮、盐、植物油各适量。

做法: 1. 大米、糙米淘洗干净，加水煮粥；菠菜择洗干净，焯水后切段；猪肉瘦洗净，切丝。2. 油锅烧热，爆香虾皮，放入猪瘦肉丝略炒，加水煮开，放入杂粮粥和菠菜段，煮熟后加盐即可。

功效: 糙米中含有大量膳食纤维，具有减肥、降低胆固醇、通便等功能。

什锦西蓝花

原料: 西蓝花、花菜各100克，胡萝卜50克，盐、白糖、醋、芝麻油各适量。

做法: 1. 西蓝花、花菜和胡萝卜洗净；西蓝花和花菜掰成小朵；胡萝卜去皮，切片。2. 将全部蔬菜放入温水中焯熟，盛盘，加盐、白糖、醋和芝麻油搅拌均匀即可。

功效: 西蓝花有利尿通便、消除水肿的功效，可将其作为轻微产后水肿的食疗佳品。

香酥鸽子

原料: 鸽子1只，姜片、大葱、盐、料酒、植物油各适量。

做法: 1. 鸽子清理干净；大葱洗净，只取葱白，切段。2. 用盐揉搓鸽子表面，鸽子腹中加葱白、姜片、料酒，上笼蒸熟后取出，拣去姜片、葱白。3. 油锅烧热，放入鸽子炸至表皮酥脆，捞出切块，装盘即可。

功效: 鸽子肉为高蛋白、低脂肪食材，可增加皮肤弹性、改善血液循环、加快伤口愈合，还有一定的通乳作用。

催乳减肥营养餐

什锦香菇饭

原料： 米饭 1 碗，香菇 2 朵，草菇 2 朵，金针菇 1 小把，杏鲍菇 1 个，海苔 1 片，洋葱、盐、高汤、植物油各适量。

做法： 1. 香菇、草菇洗净切片；金针菇洗净，切段；杏鲍菇、洋葱分别洗净，切粒；海苔切丝。2. 油锅烧热，爆香洋葱粒，将切好的香菇、草菇、金针菇、杏鲍菇放入锅内炒出香味，加盐、高汤略煮。3. 把炒好的菌菇带汤汁加入米饭，搅拌均匀，撒上海苔丝即可。

功效： 多样的菌菇含有更丰富的氨基酸和矿物质，可加速产后身体恢复。

芹菜豆芽拌香干

原料： 芹菜 200 克，香干 3 片，黄豆芽 25 克，蒜末、生抽、蚝油、白糖、白醋、芝麻油、盐各适量。

做法： 1. 芹菜择洗干净，切成段；香干切丝；黄豆芽洗净。2. 香干及黄豆芽入沸水锅中煮 1 分钟，芹菜焯 10 秒。3. 将芹菜、香干、黄豆芽入凉开水浸泡 5 分钟，捞出沥干。4. 将所有食材和调料搅拌均匀，装盘即可。

功效： 此道菜不仅膳食纤维丰富，还含有一定的蛋白质；芝麻油增加了口感和香味，适合食欲不佳的新妈妈食用。

乌鱼汤

原料： 乌鱼 1 条，木瓜半个，植物油、葱段、姜片、盐各适量。

做法： 1. 乌鱼处理干净切块；木瓜取果肉，切块。2. 油锅烧热，爆香葱段、姜片，放入乌鱼煸炒。3. 倒入开水，大火烧开后转小火，炖至汤浓汁白，出锅前加木瓜块略煮，加盐调味即可。

功效： 木瓜含胡萝卜素和丰富的维生素 C，它们有很强的抗氧化作用，帮助机体修复组织。木瓜与鱼肉同食，还有助于促进乳汁分泌。

妈妈：胀奶了

妈妈在哺乳期间，由于体内泌乳激素大量增加，加之饮食的多样化，营养均衡，会分泌出更多高质量的奶水。而如果宝宝吮吸不及时，或是吃奶不多，妈妈出现胀奶的情况也就不足为奇了。

胀奶了怎么办

· 热敷。当妈妈胀奶疼痛时，可以自己用热毛巾热敷乳房，使阻塞的乳腺变得通畅，改善乳房血液循环。注意避开乳晕和乳头部位，因为这两处的皮肤娇嫩。

· 按摩。热敷后，可以进一步按摩乳房。一般以双手托住单侧乳房，并从乳房底部交替按摩至乳头，再将乳汁挤在容器中的方式为主。

· 借助吸奶器。妈妈若感到胀奶且疼得厉害，可使用手动或电动吸奶器来辅助挤奶。

· 冲热水澡。当乳房又胀又痛时，不妨先冲个热水澡，将全身洗得热乎乎的，感觉会舒服些。

· 冷敷。如果胀奶疼痛得非常厉害，不妨以冷敷的方式止痛。需要提醒的是，一定要先将奶水挤出后再进行冷敷。

宝宝：用自己的方式表达需求

新生宝宝能用各种方式来让爸妈明白自己的需求，并且会根据妈妈说话的语调、表情来做出反应。新生宝宝听到爸爸妈妈批评自己时，会表现出委屈、眼泪汪汪的样子；想要妈妈抱时，也会根据妈妈回应自己的声音和动作，来决定采取哭或不哭的策略。

爸爸：给宝宝建立健康档案

从宝宝出生到现在，爸爸已经发现并解决了宝宝的许多问题，零零碎碎地写在日记本里，但查阅却很不方便。不如趁现在给宝宝建一个健康档案，把宝宝身体生长发育情况、接种疫苗记录、病历收藏部分、过敏史、家族病史、心理发育等内容收录起来，不仅能让家人重温宝宝的成长过程，在宝宝生病时也能给医生做参考，方便治疗。

月子会所黄金套餐

8:00
紫菜馄饨
煮鸡蛋
10:00
时令水果
12:00
紫菜包饭
珍珠丸子
15:00
牛奶
麻油菠菜
蛤蜊丝瓜汤
蛋糕
18:00
干烧大明虾
猪肉焖扁豆
21:00
番茄炒山药
南瓜紫菜蛋花汤
钙片

改善记忆力营养餐

紫菜包饭

原料： 糯米 50 克，鸡蛋 1 个，紫菜 2 片，火腿丁、黄瓜、沙拉酱、米醋、植物油各适量。

做法： 1. 黄瓜洗净，切条，加米醋腌制；糯米蒸熟，倒入米醋，搅拌均匀晾凉。2. 鸡蛋打散，鸡蛋液入油锅，摊成饼，切丝。3. 将糯米平铺在紫菜上，再摆上黄瓜条、火腿丁、鸡蛋丝和沙拉酱，卷起，切 3 厘米厚片即可。

功效： 紫菜富含钙、铁、碘等元素，能增强记忆，改善新妈妈贫血状况，还可辅助治疗产后水肿。

珍珠丸子

原料： 猪肉末 400 克，糯米 150 克，鸡蛋 1 个，盐、料酒、葱花、姜末、对虾各适量。

做法： 1. 糯米淘洗干净，提前浸泡 4 小时以上，捞出沥干备用；对虾去壳，去虾线，虾仁放在碗中，放入葱花和姜末，加料酒和盐，搅拌均匀，腌 20 分钟。2. 另取碗，放入猪肉末、葱花、姜末、盐，打入鸡蛋，用手抓匀，顺着一个方向搅拌上劲。3. 取适量肉馅于掌心，包入虾仁，露出尾部，搓圆，裹上糯米，放在盘子上，入蒸锅，大火上汽后转中火，蒸 20 分钟即可。

功效： 虾能提高人体免疫力，还可帮助哺乳妈妈分泌乳汁，其中的蛋白质还能提高乳汁质量，也是产后瘦身的优选食材。

蛤蜊丝瓜汤

原料： 蛤蜊 200 克，丝瓜 80 克，盐适量。

做法： 1. 蛤蜊在清水中浸泡 2~3 小时，使其吐尽泥沙。丝瓜去皮，切成滚刀块。2. 锅中加水烧开，将蛤蜊放入沸水中略煮，使其开口。3. 放入丝瓜块，加盐调味，锅中加水，大火烧开，待丝瓜熟透，关火出锅即可。

功效： 蛤蜊丝瓜汤不仅能保护皮肤、美白皮肤，还能补充蛋白质和身体所需的矿物质。

瘦身护肤营养餐

干烧大明虾

原料：大明虾 150 克，植物油、姜片、白糖、盐、老抽各适量。

做法：1. 大明虾洗净，剪开后背，取出虾线。2. 油锅加热，爆香姜片，放入大明虾，大火翻炒。3. 放入白糖、盐、老抽翻炒，至虾颜色变红，油炒干即可。

功效：虾是高蛋白、低脂肪的优质食材，营养丰富，月子期间多吃虾，不仅可以为新妈妈补钙，还有助于产后瘦身。

猪肉焖扁豆

原料：猪瘦肉 200 克，扁豆 250 克，葱花、姜末、胡萝卜片、盐、高汤、植物油各适量。

做法：1. 猪瘦肉洗净，切薄片；扁豆择洗干净，切成段。2. 油锅烧热，用葱花、姜末炝锅，放肉片炒散后，将扁豆、胡萝卜放入翻炒。3. 加盐、高汤，转中火焖至扁豆熟透即可。

功效：猪肉焖扁豆中的膳食纤维和蛋白质含量较丰富，且可健脾胃，增进食欲，但一定要充分煮熟扁豆后再食用。

番茄炒山药

原料：番茄 100 克，山药 150 克，盐、葱花、姜末、植物油各适量。

做法：1. 番茄、山药洗净，去皮，切片。2. 油锅小火加热，爆香葱花和姜末，放入番茄片、山药片，翻炒熟后加盐调味即可。

功效：番茄含有丰富的维生素，对于新妈妈来说，可补水美白、淡化妊娠斑，改善肌肤问题。

2 3 4 5 6 7 8 9 10 11 12 13 14 15 16 17 18 1

妈妈：产后月经什么时候来

产后月经恢复时间，与妈妈的年龄、卵巢功能恢复、是否哺乳、哺乳时间等因素有关，所以并没有明确的答案，每个妈妈的情况都不一样。大体上，没有进行哺乳的妈妈一般会在产后 3 个月左右出现月经复潮。哺乳妈妈月经和排卵恢复会稍晚一些，在产后 4~6 个月出现。但也有的妈妈在产后第 1 个月月经就按时报到了，还有些妈妈在哺乳期间一直没出现月经，甚至有的哺乳妈妈会在产后 1 年才出现月经复潮，这都是正常现象，新手妈妈不必过于担心。

宝宝：长时记忆增强

宝宝的长时记忆在持续增强。当感觉饿了，宝宝会蜷缩起身体，等待着美味的奶，当听见玻璃奶瓶在洗碗池上碰撞的声音，热奶器发出声时，宝宝知道有奶喝了。这些同准备奶有关的举动，都会唤起宝宝对上次喝奶以及以前喝奶的幸福记忆。

爸爸：给宝宝测体温

体温是身体健康的晴雨表，每分每秒它都在发生改变，当宝宝看起来精神差时，爸爸首先应想到测量体温。电子体温计使用起来非常方便，测量时间短，1 分钟左右就能出结果，比较适合爱动的宝宝。

今日温馨提示

哺乳期进行性生活要避孕

哺乳妈妈月经恢复的时间比较晚，并不意味着这期间进行性生活就不需要避孕了，从产后 21 天开始，一些妈妈的卵巢就开始恢复正常，排出卵子。即使是月经没来的情况下，进行性生活也可能再次怀孕。而且月经来的前 2 个星期就会排卵。所以，哺乳期进行性生活要避孕。

月子会所黄金套餐

八宝粥　煮鸡蛋　时令水果

红烧猪蹄　鸭血豆腐　芝麻汤圆

大煮干丝　丝瓜鱼头豆腐汤　钙片

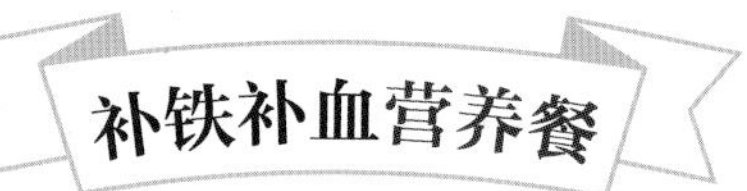

番茄鸡蛋炒饭

原料： 米饭100克，番茄1个，鸡蛋1个，植物油、盐各适量。

做法： 1. 米饭打散；鸡蛋加盐打散；番茄洗净，去皮，切丁。2. 油锅烧热，倒入鸡蛋液炒成蛋花，盛出备用。3. 油锅烧热，将番茄翻炒至出汁，放入米饭翻炒均匀，再放入鸡蛋花翻炒，加盐调味即可。

功效： 番茄中的番茄红素有一定的抗氧化作用，有助延缓衰老，且番茄酸甜的口感也能增进新妈妈的食欲。

香杧牛柳

原料： 牛里脊200克，杧果1个，鸡蛋清1个，盐、白糖、料酒、干淀粉、植物油各适量。

做法： 1. 牛里脊洗净，切条，加鸡蛋清、盐、料酒和干淀粉腌制10分钟；杧果去皮，取果肉切粗条。2. 油锅烧热，下牛肉条，快速翻炒，加白糖微压片刻。3. 出锅前放入杧果条，翻炒一下即可。

功效： 牛肉滋补强体，可为新妈妈增强体力，缓解产后疲倦；彩椒中有维生素C，不仅能促进对牛肉中铁的吸收，还能增强免疫力。

鸭血豆腐

原料： 豆腐1块，鸭血1块，植物油、姜丝、盐各适量。

做法： 1. 鸭血切片，汆水备用；豆腐切片备用。2. 油锅烧热，爆香姜丝，加适量水煮开。3. 倒入鸭血、豆腐煮开，转小火炖10分钟，加盐再炖5分钟即可。

功效： 鸭血富含铁、钙等矿物质；豆腐中的含钙量也比较高，且含有丰富的蛋白质、维生素。两者搭配，为新妈妈补钙的同时补充身体之血。

滋补强身营养餐

虾仁炒蛋

原料：对虾 200 克，鸡蛋 2 个，胡萝卜 1 根，新鲜黑木耳 50 克，盐、植物油、干淀粉各适量。

做法：1. 胡萝卜洗净，切片；新鲜黑木耳洗净，撕小朵；对虾取虾仁；鸡蛋打散，加干淀粉搅拌均匀。2. 锅中倒水，烧开后倒入虾仁，煮至变红后捞出，另取锅加水烧开，倒入胡萝卜片和黑木耳，焯后捞出。3. 油锅烧热，倒入鸡蛋液，炒碎后盛出，锅内留底油，依次放入所有食材，翻炒均匀，加盐即可。

功效：此菜含维生素及钙、磷等微量元素，营养均衡。

土豆烧鸡块

原料：鸡块 200 克，土豆 150 克，彩椒、植物油、姜片、蒜片、生抽、老抽、米酒、白糖、盐各适量。

做法：1. 鸡块洗净，加生抽、盐、米酒腌制；彩椒洗净，切块；土豆去皮切块。2. 油锅烧热，爆香姜片、蒜片，倒入鸡块翻炒，加入土豆，鸡块表面微黄后调入适量老抽、白糖，加水煮沸后转小火慢炖，至汤汁浓稠后加适量盐调味。3. 起锅前加入彩椒块，翻炒均匀即可。

功效：鸡肉是高蛋白、低脂肪的食材，非常适合产后滋补身体，与土豆同食，可为新妈妈补气补血。

丝瓜鱼头豆腐汤

原料：鱼头 1 个，丝瓜、豆腐各 100 克，姜片、盐各适量。

做法：1. 丝瓜去皮，洗净，切块；鱼头洗净，劈开两半；豆腐用清水略洗，切块。2. 将鱼头和姜片放入锅中，加适量水，用大火烧沸，煲 10 分钟。3. 放入豆腐和丝瓜，再用小火煲 15 分钟，加盐调味即可。

功效：丝瓜清热解毒、利尿消肿，鱼头和豆腐含有充足的蛋白质，此汤能为新妈妈提供均衡的营养。

妈妈：子宫渐渐恢复

生完宝宝后，随着一系列的生理变化，妈妈的子宫将逐渐缩小，子宫腔内的胎盘剥离面也会随之缩小，再加上子宫内膜自身的再生，子宫通常会在产后 5~6 周时恢复到接近孕前的状态。如果现在妈妈仍然恶露不尽，就要留意是否是子宫复旧不全。

产后子宫复旧不全表现

- 腰痛、下腹坠胀、血性恶露淋漓不尽，甚至大出血。
- 白带、黄带增多，子宫位置后倾。
- 子宫稍大且软，或有轻度压痛。

如果有上述子宫复旧不全的症状，应该马上去医院进行全面的检查，包括妇科检查、B 超检查及其他化验检查。

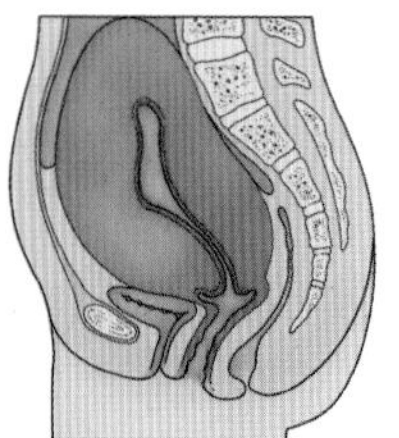

产后初期的子宫

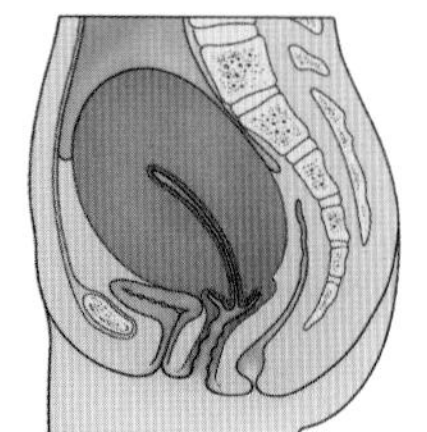

产后 1 周的子宫

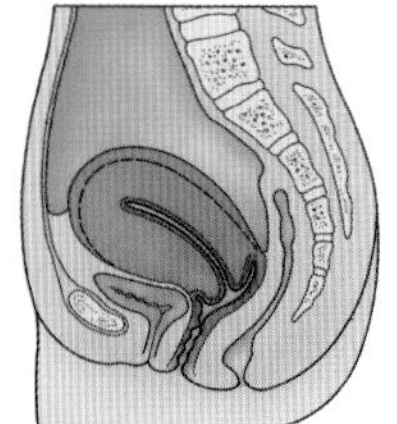

产后 6 周的子宫

宝宝：第 1 次真正地微笑

在出生后第 6 周左右，宝宝就会露出带有社交性的微笑，而不是单纯的无意识行为了。所以做好准备迎接宝宝那天真无“牙”的灿烂微笑吧！宝宝绽放的微笑，是对爸爸妈妈辛勤付出的回报，是在告诉爸爸妈妈“我很快乐”。这种微笑能把人的心瞬间暖化，即使宝宝还只会咿咿呀呀。

爸爸：上班后打电话，下班后早回家

爸爸上班后，白天照顾宝宝的重任就落在妻子身上了。虽然无法亲眼看到这一天妻子经历了什么，但应该能够想象到，妻子很辛苦，所以，无论工作多忙，在工作间隙，爸爸都应该抽出时间打电话给妻子，鼓励、安慰，对妻子多多关怀。另外，在妻子坐月子期间，爸爸要保证待在家里的时间，减少加班和出差。如果能够早点回家，承担起扫地、洗衣服、做饭等力所能及的家务，并帮妻子照顾宝宝，那将会是受欢迎的模范丈夫！

月子会所黄金套餐

腐竹小米猪肝粥　煮鸡蛋　红薯　时令水果

冬瓜鸭架汤　咸蛋黄烩饭　清蒸鲈鱼　豆浆　西葫芦饼

青椒炒面筋　西湖牛肉羹　花菜沙拉　白萝卜排骨汤　钙片

减脂消肿营养餐

咸蛋黄烩饭

原料： 米饭 100 克，熟咸蛋黄半个，胡萝卜 1/4 根，盐、蒜苗、葱花、植物油各适量。

做法： 1. 蒜苗洗净，去根切小粒；胡萝卜洗净，去皮，切丁；熟咸蛋黄压碎备用。2. 油锅烧热，爆香葱花，放入熟咸蛋黄碎、胡萝卜丁及蒜苗粒翻炒至熟，加米饭和盐翻炒均匀，盛入盘中即可。

功效： 咸蛋黄烩饭富含的碳水化合物，可以为新妈妈补充热量和能量。

扫一扫 轻松学

冬瓜鸭架汤

原料： 烤鸭半只，冬瓜 150 克，姜 3 片，葱花、葱段、盐、白胡椒粉、芝麻油各适量。

做法： 1. 烤鸭去除鸭肉，留鸭架，切小块备用；冬瓜洗净去瓤去皮，切小块。2. 砂锅中倒入适量水，放入鸭架、葱段、姜片，大火烧开，撇去浮沫，转小火，加盖慢炖 5 分钟，倒入冬瓜块。3. 小火继续慢炖 15 分钟，加盐，转大火煮 3 分钟后出锅，撒上葱花和白胡椒粉，最后滴几滴芝麻油提味即可。

功效： 此汤清热去火、利尿消肿，适合产后内火较重的妈妈食用，也能为妈妈刮油减脂。

青椒炒面筋

原料： 面筋 150 克，青椒 1 个，植物油、盐各适量。

做法： 1. 将面筋撕成条；青椒洗净，去蒂去子，切条。2. 油锅烧热，倒入青椒条翻炒片刻。3. 加面筋翻炒均匀，加盐调味即可。

功效： 面筋中的蛋白质含量很高，属于高蛋白、低脂肪食物，还含有多种矿物质，非常适合哺乳妈妈食用。

补充体力营养餐

西葫芦饼

主食

原料： 西葫芦100克，面粉100克，鸡蛋2个，盐、植物油各适量。

做法： 1. 鸡蛋打散，加盐调味；西葫芦洗净，切丝。2. 将西葫芦丝放进鸡蛋液里，加面粉搅拌均匀，如果面糊稀了就加适量面粉，如果稠了就加1个鸡蛋。3. 油锅烧热，将面糊倒进去，煎至两面金黄，盛出即可。

功效： 西葫芦饼味道佳，有利于增进食欲。西葫芦还有清热利尿、除烦止渴的功效。

西湖牛肉羹

原料： 卤牛肉100克，鸡蛋2个，嫩豆腐1块，香菇50克，香菜1根，盐、水淀粉、白胡椒粉、芝麻油各适量。

做法： 1. 嫩豆腐、卤牛肉切丁；香菇洗净后切细丁；香菜洗净，切碎。2. 分离蛋清和蛋黄，将鸡蛋清搅拌出密集的细泡。3. 锅中加适量水，倒入卤牛肉丁、香菇丁和豆腐丁搅拌均匀，大火烧开，加盐和白胡椒粉，边煮边搅拌，煮至沸腾。4. 分次倒入水淀粉，煮至汤汁浓稠，转中小火，加鸡蛋清，边倒边搅拌成蛋花。 5. 撒上香菜碎，搅拌均匀，淋上芝麻油即可。

功效： 牛肉中富含蛋白质；豆腐中含有丰富的蛋白质、维生素和钙，与牛肉同煮，营养丰富且均衡。

花菜沙拉

原料： 花菜300克，酸奶200克，胡萝卜丁、盐各适量。

做法： 1. 花菜洗净，切小块，在开水中加盐煮熟，捞出沥干。2. 酸奶浇在花菜块上，用胡萝卜丁点缀即可。

功效： 花菜沙拉口感清爽，食材采取蒸煮的烹调方式，营养损失较小且热量低。

2 3 4 5 6 7 8 9 10 11 12 13 14 15 16 17 18

妈妈：健康检查莫耽误

经过了 42 天的休养，新妈妈的身体状况已经逐渐恢复到接近孕前，此时正是去医院检查的好时机。产后 42 天进行健康检查，以便让医生了解自己的恢复情况，了解全身和盆腔器官的恢复情况，有利于及时发现异常，防止留下后遗症。虽然健康检查的时间并非限定在第 42 天（一般认为，42~56 天都行），但这个时候，也是给宝宝做体检的重要时候。所以，就算再忙，妈妈也尽量不要耽误这次健康检查。

宝宝：42 天体检

一般来说，宝宝要做的检查包括体重、身长、头围、胸围的测量，以及智能发育的评估。爸爸妈妈要积极配合医生，以便准确评估宝宝的健康状况。

体重	体重是判定宝宝体格发育和营养状况的一项重要指标。测量体重时，宝宝最好空腹并排去大小便，测得的数据应减去宝宝所穿衣物以及纸尿裤的重量。
身长	身长是宝宝骨骼发育的一项重要指标，受很多因素影响。所以，一定要保证宝宝营养全面、均衡，睡眠充足，并且每天保持一定的活动量。
头围	头围能反映宝宝的脑发育情况、脑容量大小，宝宝的头围发育过快或过慢都是不正常的。

爸爸：陪妻子、宝宝去体检

产后 42 天检查并不是一件轻松的事，妈妈要去妇科进行体检，宝宝要去儿科进行体检，她们在不同科室之间奔波，还要面临大大小小、各种各样的检查项目。这个时候，对爸爸来说，陪同妻子带宝宝去医院体检，就会是一件非常重要的任务。即使爸爸确实由于重要的事情不能陪同，也要提前找好家人帮忙，不要让妻子独自一人带着宝宝去体检。而这是一个对妻子、宝宝关怀备至的男人应该要做的。

月子会所黄金套餐

奶酪火腿三明治　牛奶　时令水果

番茄猪肝玉米饭　藕拌黄花菜　红烧排骨　炒莜麦菜　红薯

炒黄鳝丝　柠檬煎鸡排　炒空心菜　奶油娃娃菜　钙片

美容养颜营养餐

番茄猪肝玉米饭

原料： 猪肝100克，番茄半个，玉米粒50克，大米200克，植物油、盐适量。

做法： 1. 猪肝处理洗净，切片；番茄洗净，开水烫一下，去皮后切丁；玉米粒、大米洗净备用。2. 油锅烧热，放入猪肝，翻炒至熟，出锅前加盐调味。3. 将所有食材一同放入电饭煲内，加水，启动煮饭功能，煮熟后盛出即可。

功效： 猪肝中的铁有助补气血，番茄中的维生素C和番茄红素有助护肤。

藕拌黄花菜

原料： 莲藕100克，干黄花菜30克，盐、葱花、高汤、水淀粉、植物油各适量。

做法： 1. 莲藕洗净，去皮切片，放入开水锅中略煮一下，捞出备用。2. 干黄花菜提前用冷水浸泡20分钟，洗净，沥干。3. 油锅烧热，爆香葱花，然后放入黄花菜煸炒，加高汤和盐，炒至黄花菜熟透，用水淀粉勾芡后出锅。4. 将藕片与黄花菜拌匀即可。

功效： 黄花菜有利尿消肿，止血通乳的效果，而藕中含有丰富的维生素K，有很好的祛瘀作用。

红烧排骨

原料： 猪排骨300克，老抽、料酒、盐、白糖、生抽、干辣椒、八角、小葱、姜、植物油各适量。

做法： 1. 排骨洗净倒入锅中，加料酒煮至浮沫外溢，变白后捞出，冲洗干净。2. 小葱洗净切段；姜洗净切片。3. 油锅烧热，爆香葱段、姜片、八角、干辣椒，放入排骨煸炒出肥油，至表面微微焦黄，加入老抽，翻炒均匀。3. 锅中倒入没过排骨的水，大火烧开后转小火，加盖焖煮约30分钟，加入生抽、盐和白糖，大火收汁后出锅即可。

功效： 猪排骨能为新妈妈补充能量，改善贫血的同时增强体质。

缓解疲劳营养餐

奶酪火腿三明治

原料： 吐司2片，生菜叶1片，番茄1个，奶酪、火腿、番茄酱各适量。

做法： 1. 生菜叶洗净；番茄洗净切片；火腿切片。2. 在一片吐司上依次铺上生菜、番茄、奶酪、火腿片，涂抹番茄酱，盖上另一片吐司，放入烤箱烘烤5分钟即可。

功效： 奶酪是含钙量较高的食材，每10克奶酪含钙量可达80毫克，哺乳妈妈和产后腰痛的妈妈可以多吃。

柠檬煎鸡排

原料： 鸡脯肉150克，鸡蛋1个，柠檬半个，植物油、盐、干淀粉、迷迭香各适量。

做法： 1. 鸡脯肉从中间剖成两半，用刀背拍松弛，撒上盐，抹匀腌制半小时。2. 鸡蛋打入碗中，加干淀粉搅拌成蛋糊，将腌制好的鸡肉放入蛋糊中上浆。3. 油锅烧热，放入鸡排，小火煎至两面微黄，盛出切块，挤出柠檬汁，浇到鸡排上，再放上迷迭香点缀即可。

功效： 产后新妈妈食欲差、消化功能弱，柠檬汁煎鸡排口感偏酸，可增强食欲。

奶油娃娃菜

原料： 娃娃菜1棵，牛奶100克，高汤、干淀粉、植物油、盐各适量。

做法： 1. 娃娃菜洗净，切小段；牛奶中倒入干淀粉搅拌均匀。2. 油锅烧热，倒入娃娃菜，再加些高汤，烧至七八成烂。3. 倒入调好的牛奶汁，加盐，再烧开即可。

功效： 娃娃菜味道甘甜，富含维生素和硒；牛奶富含蛋白质，增强身体抵抗力的同时，还能缓解疲劳。

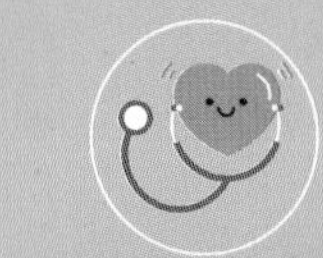

产后不适调理食谱

产后缺乳

如果新妈妈分娩 3 天以后，仍乳汁分泌不足或全无，乳房柔软不胀，可判断为产后缺乳，多由乳腺发育不良、产后失血过多或过度疲劳所致。除了乳腺发育不良外，大都可以通过饮食调节加按摩的方法来催乳。

黄花菜牛鼻子汤

原料：干黄花菜 20 克，牛鼻子 1 个，姜 3 片，盐、枸杞各适量。

做法：1. 牛鼻子汆水，拔净毛，刮洗干净后切片。2. 干黄花菜泡发，去蒂洗净；枸杞洗净。3. 将牛鼻子片入汤锅，加姜片煮熟，放入黄花菜、枸杞继续煮约半小时，煮烂后加盐调味即可。

功效：干黄花菜有较好的清热利尿、消肿的功效，且含有大量膳食纤维，同时也是一种很好的催乳食材。

王不留行炖猪蹄

原料：猪蹄 1 只，王不留行 10 克，姜片、盐各适量。

做法：1. 王不留行洗净，装入纱布袋；猪蹄洗净，剁成块后汆水。2. 将纱布袋和猪蹄块一起放进锅内，加姜片和水煮至猪蹄熟烂。3. 去掉纱布袋，加盐调味即可。

功效：王不留行可促进乳汁分泌，提高乳汁的质量；猪蹄富含蛋白质，两者同食有很好的催乳作用。

木瓜鱼尾汤

原料：木瓜半个，鱼尾 1 条，芝麻油、盐各适量。

做法：1. 鱼尾洗净备用；木瓜去皮去子，洗净切块备用。2. 锅中倒入芝麻油烧热，放入鱼尾，两面煎一下，加水用大火烧开，转小火加盖煮 20 分钟。3. 加木瓜煮 10 分钟后，加盐调味即可。

功效：木瓜和鱼是常见的催乳食材，木瓜还可调理脾胃，且含有多种氨基酸，对产后身体的恢复、增强身体抵抗力有一定的帮助。

产后贫血

新妈妈分娩时或多或少都会失血，所以产后的补血问题一定不能马虎。其实，只要通过健康的饮食就可以达到很好的补血效果，新妈妈要适当多吃含铁多、营养丰富的食品，如肉类（牛肉、猪瘦肉）、蛋类、动物血及动物内脏。

酱牛肉

原料：牛腱肉 100 克，葱 1 根，姜 1 块，酱油、白糖、盐各适量。

做法：1. 牛腱肉洗净，切大块，放入开水中略煮一下捞出，用冷水浸泡一会；葱洗净切段；姜洗净切片。2. 葱段、姜片一起放入锅中，再放入牛腱肉块。3. 锅中加适量水和酱油、白糖、盐，煮开后用小火炖至肉熟，捞出肉，晾凉后切片即可。

功效：牛肉富含蛋白质和铁元素，可预防和改善产后贫血，也可以提高机体的免疫力。

猪蹄莲藕章鱼汤

原料：章鱼 60 克，猪蹄 1 只，莲藕 100 克，红枣、红豆、姜片、盐各适量。

做法：1. 红豆、红枣洗净，红豆放入锅中，加水浸泡 1 小时；章鱼、猪蹄洗净沥干；莲藕洗净，去皮切块。2. 将章鱼、猪蹄、红豆放入锅中，加水、姜片大火煮沸，转中火加盖煮 20 分钟，加红枣、莲藕转小火煮 1 小时，加盐调味即可。

功效：章鱼可补气益血，有一定的催乳功效；莲藕中含有较多的铁元素，有助改善产后贫血症状，而且对产后的身体恢复十分有利。

竹荪干贝乌鸡汤

原料：乌鸡半只，竹荪 20 克，干贝 50 克，姜片、盐、枸杞、芝麻油各适量。

做法：1. 乌鸡处理干净，汆水后捞出备用；干贝、竹荪、枸杞分别洗净备用。2. 将准备好的乌鸡放入炖锅，加水、姜片烧开，加干贝、竹荪、枸杞，转小火煮 1 小时，出锅前加盐和芝麻油调味即可。

功效：竹荪可提高机体免疫力，降低体内的胆固醇含量。

产后体虚

生产过后，新妈妈如果出现精神不振、面色萎黄、不思饮食的现象，就要考虑是否是产后体虚。产后体虚如果不及时治疗，会给新妈妈的身体留下隐患，也不利于照顾宝宝，因此，新妈妈除了饮食外，还要多休息、少烦神，尽早让身体恢复。

山药排骨汤

原料：猪排骨 150 克，山药 100 克，姜片、盐各适量。

做法：1. 山药洗净，去皮切块，用清水浸泡备用。2. 猪排骨汆水，捞出沥干备用。3. 将山药块、排骨、姜片、水一同放入锅内，大火煮沸，转小火炖 45 分钟，加盐调味即可。

功效：山药易于消化吸收，其含有较多的蛋白质和膳食纤维，和排骨同食可补充钙质，补虚的同时增强体力。

归芪鲫鱼汤

原料：鲫鱼 1 条，当归、黄芪各 3 克，姜片、芝麻油、盐各适量。

做法：1. 鲫鱼处理干净；当归、黄芪洗净备用。2. 锅中倒入芝麻油，小火加热后爆香姜片，加入鲫鱼，两面煎黄后加热水、当归、黄芪，大火烧开，转小火。3. 加盖煮 40 分钟左右，加盐调味即可。

功效：鲫鱼汤有很好的补虚通乳效果，非常适合产后虚弱和母乳不足的新妈妈食用。

酒酿炖鸡蛋

原料：鸡蛋 1 个，酒酿 50 克，枸杞适量。

做法：1. 鸡蛋打入碗里，倒入酒酿，加入洗净的枸杞。2. 将碗放入锅中，隔水炖 30 分钟即可。

功效：此菜含有丰富的蛋白质，既可以促进恶露的排出，也可以增加产后乳汁的分泌，有助产后身体恢复，但不建议过量食用。

食欲不佳

经历了艰辛的分娩，新妈妈的身体发生了巨大变化，大多会出现食欲不佳的情况，这主要是由于新妈妈胃肠功能还没有完全恢复，需要靠饮食调养来慢慢恢复。此时不宜大补，或过多食用油腻、寒凉和不易消化的食物，应多进食粥类、汤面和蔬菜等。

茄汁花菜

原料：花菜150克，番茄1个，葱花、蒜片、番茄酱、盐、植物油各适量。

做法：1. 番茄洗净，去皮切块；花菜洗净，掰成小朵，焯水断生后捞出备用。2. 油锅烧热，爆香葱花、蒜片，加番茄酱，翻炒出香味。3. 放入花菜、番茄，翻炒至番茄出汤，大火收汁，加盐调味即可。

功效：花菜含有丰富的膳食纤维，可促进胃肠道的蠕动，且酸甜可口的味道很能促进新妈妈的食欲。

番茄炒山药

原料：番茄100克，山药150克，盐、葱花、姜末、植物油各适量。

做法：1. 番茄、山药分别洗净，去皮切片。2. 油锅小火加热，爆香葱花和姜末，放入番茄片、山药片，翻炒熟后加盐调味即可。

功效：番茄中的番茄红素可清除自由基，山药富含维生素和矿物质，两者同食，不仅口感爽脆、酸甜适口，且有一定的润泽肌肤的作用。

五彩玉米羹

原料：鲜玉米粒50克，鸡蛋1个，豌豆、枸杞、冰糖、水淀粉各适量。

做法：1. 鲜玉米粒洗净；鸡蛋打散；豌豆、枸杞洗净。2. 鲜玉米粒放入锅中，加水煮至熟烂，放入豌豆、枸杞、冰糖，煮5分钟，加水淀粉勾芡。3. 淋入鸡蛋液，搅成蛋花，烧开即可。

功效：此菜不仅含有多种维生素，而且蛋白质和膳食纤维也很丰富，五彩的外观也令人食欲大开。

产后腰痛

分娩后新妈妈的内分泌系统尚未得到调整，骨盆韧带还处于松弛状态，腹部肌肉也变得较为松弛，如遇恶露排出不畅还会引起盆腔瘀血，这些情况都易引起产后腰痛。有些新妈妈不愿下床活动，腰部肌肉缺乏锻炼，也容易出现腰痛。

膳食排骨

原料：猪排骨 100 克，杜仲、黄芪各 6 克，当归 3 克，枸杞 10 颗，姜片、盐各适量。

做法：1. 排骨汆水，沥干备用；中药材放于纱布袋中备用。2. 砂锅中放入排骨、水、姜片、中药包，大火煮沸，转小火加盖炖 45 分钟，加盐调味即可。

功效：猪排骨含有较多的蛋白质和钙，可补充新妈妈体内流失的钙质，强筋壮骨；排骨中还富含铁元素，能预防和改善产后贫血。

板栗扒白菜

原料：白菜 150 克，板栗 50 克，葱花、姜末、水淀粉、盐、植物油各适量。

做法：1. 板栗取肉，洗净，入沸水煮熟。2. 白菜洗净，切片，下油锅煸炒后盛出。3. 另起油锅烧热，爆香葱花和姜末，放入白菜片与板栗翻炒，加适量水，水开后用水淀粉勾芡，加盐调味即可。

功效：板栗含有丰富的不饱和脂肪酸、维生素和矿物质，有清热润肺、益脾胃的功效。

肉苁蓉羊肉汤

原料：羊肉 150 克，肉苁蓉 10 克，杜仲 3 克，党参、当归各 4 克，姜 5 片，枸杞 30 颗，盐适量。

做法：1. 羊肉洗净，切块，汆水，撇去浮沫后捞出备用。2. 在砂锅中加适量水，将所有食材一起放入砂锅中用小火煮，至羊肉煮熟，加盐调味即可。

功效：肉苁蓉和羊肉同食，有很好的补益气血的作用。

缺钙

新妈妈不及时补充钙，会很容易出现抽筋、牙齿松动、骨质疏松等问题。新妈妈可以通过喝牛奶，吃豆制品和海产品等来补钙。另外，还要多食水果，可促进钙质被有效地吸收和利用。

鲜蘑炒豌豆

原料： 口蘑、豌豆各 100 克，高汤、盐、水淀粉、植物油各适量。

做法： 1. 口蘑洗净，切成小丁；豌豆洗净。2. 油锅烧热，放入口蘑丁和豌豆翻炒，加适量高汤，煮至豌豆熟烂，用水淀粉勾芡，加盐调味即可。

功效： 口蘑和豌豆中都含有一定量的钙，可给新妈妈补充钙质。此外，口蘑中的微量元素也可提高机体的免疫力。

麻油鲈鱼

原料： 鲈鱼 200 克，姜 5 片，芝麻油、枸杞、盐各适量。

做法： 1. 鲈鱼处理干净；枸杞洗净。2. 锅中倒入芝麻油，小火加热后爆香姜片。3. 放入鲈鱼略煎，加水和枸杞，大火烧沸，转小火，加盖煮熟，加盐调味即可。

功效： 鲈鱼可提供优质蛋白质和一定量的钙，可预防和改善骨质疏松，也可促进乳汁的分泌。

南瓜虾皮汤

原料： 南瓜 200 克，虾皮 20 克，盐、植物油各适量。

做法： 1. 南瓜洗净，去皮去瓤，切块。2. 油锅烧热，放入南瓜块翻炒片刻，加适量水，大火煮沸，转小火将南瓜煮熟。3. 出锅前加盐调味，再撒入虾皮即可。

功效： 虾皮中含有较多的钙，南瓜中含有大量的膳食纤维，补钙的同时可以促进胃肠道的蠕动。

恶露不尽

正常恶露一般持续 2~4 周。如果血性恶露持续 2 周以上，量多或为脓性、有臭味，这有可能出现了细菌感染，要及时到医院检查。如果情况不是很严重，也可采用食疗的方法来缓解症状。不过，在食疗之前最好征求医生的意见。

荷塘小炒

原料：莲藕 100 克，胡萝卜、荷兰豆各 50 克，干黑木耳、盐、水淀粉、植物油各适量。

做法：1. 干黑木耳泡发，洗净；荷兰豆择洗干净；莲藕去皮，洗净切片；胡萝卜洗净，去皮，切片；水淀粉加盐调成芡汁。2. 将胡萝卜片、荷兰豆、黑木耳、藕片焯至断生，捞出沥干。3. 油锅烧热，倒入断生后的食材，翻炒出香味，浇入芡汁勾芡即可。

功效：莲藕中的膳食纤维丰富，可以预防产妇便秘，还有一定的除烦解渴、消瘀清热的功效。

艾叶羊肉汤

原料：羊肉 150 克，艾叶 10 克，红枣、芝麻油、姜片、盐各适量。

做法：1. 羊肉洗净切块，汆水备用；艾叶、红枣洗净，备用。2. 锅中倒入芝麻油，小火加热后爆香姜片，倒入羊肉，加水，用大火煮开，转小火煮 1 小时。3. 加艾叶和红枣煮 30 分钟，加盐调味即可。

功效：新妈妈可在产后适量食用艾叶羊肉汤，有助排恶露、通乳、除寒祛湿。

益母草煮鸡蛋

原料：益母草 30 克，鸡蛋 2 个。

做法：1. 益母草洗净，加适量水，煮 30 分钟，滤去药渣，取汁。2. 锅内倒入药汁，打入鸡蛋，煮熟即可。

功效：益母草对产后恶露的排出有促进作用，能使子宫快速恢复，还有消肿利尿的作用。

抑郁

产后抑郁症不仅给新妈妈本人带来痛苦，也会影响到家人。其实，产后抑郁症可以用食疗方法来预防和缓解。新妈妈不妨多吃一点抗抑郁的食物，比如花生、香蕉、全麦、核桃、新鲜绿色时蔬、海产品、蘑菇及动物肝脏等。

莲子薏仁猪心汤

原料：猪心 80 克，薏仁 9 克，莲子 3 颗，枸杞 10 颗，红枣 3 颗，盐适量。

做法：1. 莲子和薏仁洗净，倒入锅中，加水，加盖，浸泡 2 小时；猪心处理干净，切片，汆水后沥干备用。2. 将莲子、薏仁煮熟后加入枸杞、红枣、猪心，煮熟后加盐调味即可。

功效：莲子有养心安神的功效，猪心含有一定量的蛋白质，两者同食有安神定心、养心补血的作用。

香蕉百合汤

原料：干银耳 3克，新鲜百合 50克，香蕉 1 根，冰糖、枸杞各适量。

做法：1. 干银耳泡发洗净，撕小朵，放入碗中，加适量水，入蒸锅内隔水蒸 30 分钟。2. 新鲜百合洗净，剥瓣去老根；香蕉去皮切片。3. 将煮好的银耳、百合瓣、香蕉片、枸杞一同放入锅中，加适量水，中火煮 10 分钟后，加冰糖稍煮即可。

功效：香蕉、百合有安神清心、安抚神经的作用；银耳可增强免疫力，润肺养胃。

玫瑰粥

原料：大米 50 克，玫瑰花干 10 克，蜂蜜适量。

做法：1. 玫瑰花干洗净；大米淘净。2. 锅中放入大米和适量水，大火烧沸后转小火，加入玫瑰花干煮 20 分钟。3. 粥熟关火，晾温后调入蜂蜜即可。

功效：玫瑰花具有理气解郁、美容养颜等多种功效，也有一定的镇静、安抚作用。

失眠

新妈妈坐月子期间，会因分娩时及分娩后失血过多，心失血养以致失眠；或者因产时不顺或过分担心宝宝，情志抑郁所致失眠。这会极大影响新妈妈的身体恢复，新妈妈一定要引起重视，可适当食用百合、莲子、核桃仁、小米等有助于睡眠的食物。

山药红枣猪心汤

原料：猪心100克，红枣5颗，干山药3克，枸杞、姜片、芝麻油、盐各适量。

做法：1.猪心处理干净，切好备用；干山药浸泡15分钟，泡软备用；红枣、枸杞洗净备用。2.锅中倒入芝麻油加热，放入姜片，转大火，放入猪心同炒。3.放入红枣、山药、枸杞煮20分钟左右，加盐调味即可。

功效：此菜不仅能补充蛋白质，而且对失眠、食欲不振、健忘等有一定的作用。

牛奶银耳小米粥

原料：小米50克，牛奶200克，银耳、冰糖各适量。

做法：1.银耳洗净，撕小朵。2.小米洗净，放入锅中，加入银耳和适量水，大火煮开后改小火炖煮。3.小米将熟时加入牛奶一起熬煮片刻，加冰糖调味即可。

功效：小米中的氨基酸可起到安眠、镇静的作用；银耳可提供膳食纤维，预防产后便秘。

百合莲子桂花饮

原料：干百合10克，莲子6颗，桂花、蜂蜜各适量。

做法：1.干百合、莲子分别洗净。2.锅中放莲子、百合、桂花，倒入适量水，煮20分钟，关火闷10分钟。3.晾温后加入蜂蜜即可。

功效：百合、莲子都具有一定的养心安神的作用，对睡眠不佳的新妈妈有较大的帮助。

便秘

新妈妈以产后 2~3 天内排便为宜，一旦产后超过 3 天未解大便，一定要请医生予以适当处理。产后便秘禁用大黄及以大黄为主的清热泻下药，最好的办法就是食用润肠通便的食物来缓解和改善产后便秘的症状。

什锦水果羹

原料： 草莓、白兰瓜、猕猴桃、苹果各 50 克。

做法： 1. 白兰瓜洗净，去皮去子，切丁；苹果洗净，去皮去核，切丁。2. 草莓去蒂，洗净，从中间切成两瓣；猕猴桃剥去外皮，切块。3. 苹果丁、白兰瓜丁、猕猴桃块、草莓瓣一同放入锅内，加适量水，大火煮沸，转小火再煮 10 分钟即可。

功效： 多种水果一起搭配，不但能补充丰富的维生素，且膳食纤维丰富，可预防产后便秘。

橘瓣银耳羹

原料： 干银耳 5 克，橘子 60 克，冰糖适量。

做法： 1. 干银耳泡发，洗净，去根，撕片；橘子去皮，掰瓣。2. 把泡发好的银耳片放入锅中，加水，大火煮沸后转小火，煮至银耳软烂。3. 加入橘瓣、冰糖，小火再煮 5 分钟即可。

功效： 银耳含有丰富的膳食纤维，可促进胃肠道的蠕动；橘子酸甜可口，可促进食欲。

香蕉冰糖汤

原料： 香蕉 2 根，冰糖适量。

做法： 1. 香蕉剥皮，切块。2. 香蕉块放入锅内，加适量水，小火煮沸 15 分钟，加冰糖，待再次煮沸至冰糖熔化即可。

功效： 香蕉含有丰富的膳食纤维、钾元素、维生素等营养物质，不仅能够补充营养，还可以促进胃肠的蠕动，易于排便。

水肿

有产后水肿的新妈妈，睡前要少喝水，饮食要清淡，不要吃过咸或过酸的食物，尤其是咸菜，以防水肿加重。补品不要吃太多，以免加重肾脏负担，进行适量的活动帮助身体恢复，排出体内多余的水分。

红豆汤

原料：红豆 60 克（1 日份，分 2 碗食用），红糖适量。

做法：1. 红豆洗净，倒入锅中，加水，加盖，浸泡 4 小时。2. 将红豆用大火煮沸，转中火继续煮 20 分钟，转小火再煮 1 小时。3. 关火后，加红糖，搅拌均匀即可。

功效：红豆含有丰富的蛋白质、膳食纤维，有清热解毒、健脾益胃、利尿消肿等功效，亦可补气养血。

荠菜魔芋汤

原料：荠菜 150 克，魔芋 100 克，盐、姜丝各适量。

做法：1. 荠菜取叶洗净，切段；魔芋洗净，切条，用热水煮 2 分钟，沥干。2. 将魔芋条、荠菜、姜丝放入锅内，加适量水，大火煮沸后，转中火煮至食材熟软，加盐调味即可。

功效：荠菜富含胡萝卜素，对宝宝的视力发育有益，还可增强机体免疫力。魔芋也是一种不错的产后瘦身食材。

冬瓜虾皮汤

原料：冬瓜 50 克，干黑木耳 3 克，虾皮 10 克，植物油、姜片、盐各适量。

做法：1. 冬瓜去皮去瓤，切片；虾皮泡发；干黑木耳泡发，撕成朵状。2. 油锅烧热，爆香姜片，倒入冬瓜片、虾皮略炒，再倒入黑木耳，加水大火煮沸，加盐调味即可。

功效：冬瓜可利水消肿，且含有大量的膳食纤维，可预防和改善产后便秘。

急性乳腺炎

急性乳腺炎是很多新妈妈都会遭遇的产后不适症。初期表现为乳头皲裂、疼痛，哺乳时疼痛加剧，以致妈妈惧怕或拒绝哺乳，出现乳汁淤积、乳房胀痛不适或有积乳的块状物。局部会出现红肿、疼痛、压痛或痛性肿块。产后1个月内是急性乳腺炎的高发期。

玉米丝瓜络羹

原料：玉米粒60克，丝瓜络20克，橘核10克。

做法：1. 玉米粒、丝瓜络、橘核分别洗净，放入砂锅内。2. 加适量水，大火煮沸后转小火煲1小时，食用时去丝瓜络和橘核即可。

功效：丝瓜络可以起到疏通经络的作用，对乳腺炎有一定的辅助疗效。

陈皮红糖水

原料：陈皮5克，红糖适量。

做法：1. 陈皮洗净备用。2. 锅内加适量水煮沸，放入陈皮、红糖，略煮后盛出即可。

功效：陈皮有理气健脾、燥湿化痰的作用；红糖水有一定的活血化瘀的作用。

蒲公英粥

原料：蒲公英60克，金银花10克，大米50克。

做法：1. 锅中加适量水，先煎煮蒲公英、金银花，去渣取汁。2. 大米淘净。3. 用蒲公英、金银花汁煮大米，至大米完全熟透即可。

功效：蒲公英具有清热、消肿散结的作用，还有一定的催乳功效，但不建议过量食用。

附录：金牌月嫂推荐食材

白萝卜：通气助康复

白萝卜有顺气、化痰、健胃、止血等作用。剖宫产后的新妈妈，常会因手术创伤等刺激引起胃肠功能紊乱，出现胃肠胀气，排气、排便时间延长，导致不能或畏惧进食等状况，进而影响乳汁分泌。因此，进食一定量的白萝卜，对伤口恢复和排气都有好处。

花生：补虚补血健脾胃

花生含有丰富的蛋白质、维生素 E 和铁，具有补虚健脾、养胃的功效，还有助于新妈妈通乳。花生以炖食营养最为丰富，可以避免破坏花生中的营养素。

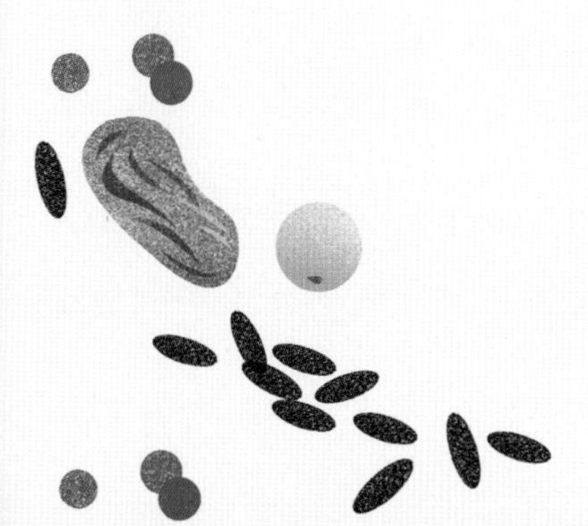

芝麻：缓解产后便秘

芝麻中含蛋白质、脂肪、维生素 E、钙、铁、磷等，100 克黑芝麻和白芝麻中铁的含量分别为 22.7 毫克和 14.1 毫克，钙的含量分别为 780 毫克和 620 毫克，有补中健身、破积血等作用，非常符合新妈妈的营养需求。

一般吃芝麻的方法是将芝麻炒熟磨碎，每天直接食用 2 小匙，或制成芝麻汤圆，也可以加在其他的点心里。

当小米与芝麻一起熬煮时，小米中的营养成分不仅可以与芝麻中的蛋白质、脂肪等营养素互为补充，大大提高营养价值，其中的膳食纤维还可以帮助新妈妈预防和解除产后容易遇到的麻烦——便秘。

薏仁：补脾虚消水肿

薏仁非常适合产后脾虚水肿的新妈妈食用，它有清利湿热、利小便、益肺排脓等功效，还可帮助子宫恢复，尤其对排恶露有很好的促进作用。

鸡蛋：快速补充体力

鸡蛋富含蛋白质和多种营养素，成为许多新妈妈的首选补品。分娩时，新妈妈消耗了大量体力和精力，加之分娩时大量失血，导致新妈妈此时身体很虚弱。而鸡蛋中的蛋白质含量丰富，很容易被人体吸收利用，可以快速帮新妈妈补充体力。另外，鸡蛋中还含有其他人体必需的营养素，如卵磷脂、卵黄素及多种维生素和矿物质，有助于减轻产后的抑郁情绪。但鸡蛋不宜吃得过多，每天吃1~2个就足够了。

小米：产后补养佳品

小米粒小，色淡黄或深黄，质地较硬，煮成粥有甜香味，有很好的补养功效。我国北方许多新妈妈在坐月子期间，都有用小米加红糖来调养身体的传统。小米熬粥营养丰富，有“代参汤”之美称。小米中富含维生素 B_1 和维生素 B_2，膳食纤维含量也很高，新妈妈产后食用小米，不仅能帮助恢复体力，还能刺激肠蠕动，增加食欲。但小米粥不宜煮得太稀，也不应完全以小米作为月子里的主食，否则会使新妈妈营养摄入不均衡，不利于新妈妈身体健康。

乌鸡：补气养血

乌鸡肉中的氨基酸含量要高于普通鸡肉，其维生素 B_2、维生素E、磷、铁、钾、钠的含量也很高，而胆固醇和脂肪的含量却很低。乌鸡有较好的滋补药用价值，特别是其中的黑色素，中医认为有滋阴、补肾、养血、益肝、退热、补虚的作用，能调节人体免疫功能，延缓衰老，是补气虚、养身体的上好佳品。食用乌鸡对产后亏虚、乳汁不足及气血亏虚引起的月经不调、子宫虚寒、行经腹痛、崩漏带下、身体瘦弱等症状，均有很好的疗效。

猪蹄：催乳佳品

猪蹄中含有丰富的胶原蛋白，对皮肤具有特殊的营养作用，可促进皮肤细胞吸收和贮存水分，防止皮肤干瘪起皱，使皮肤细润饱满、平整光滑，而且猪蹄汤也是传统的产后催乳佳品。

猪肝：
贫血妈妈首选

肝脏是动物体内储存养料和解毒的重要器官，含有丰富的营养物质，具有营养保健功能，是理想的补血佳品之一。猪肝中还含有丰富的维生素 A 和矿物质硒，能增强人体的免疫力，有抗氧化、防衰老的作用。猪肝适宜新妈妈食用，每周食用 1~2 次即可（分娩后的第 1 周可食用 3~4 次），食用时要将猪肝洗净、煮熟煮透，有高血压、冠心病、高脂血症的新妈妈则不建议食用。

虾：
通乳，增强食欲

虾营养丰富且肉质松软，易消化，对身体虚弱以及产后需要调养的新妈妈来说是极好的食物。虾中钙的含量很高，通乳作用较强，对产后乳汁分泌较少、胃口较差的新妈妈很有补益功效。

鲫鱼：
健脾利湿

鲫鱼性平，味甘，含有丰富的蛋白质、脂肪、钙、磷、铁等，有健脾利湿、和中开胃、活血通络、温中下气之功效，对脾胃虚弱、水肿或患糖尿病的新妈妈有很好的滋补食疗作用。鲫鱼汤还具有很好的补虚通乳效果，非常适合产后虚弱和母乳不足的新妈妈，同时对于新妈妈肌肤的恢复也有非常好的助益作用，不过乳腺不通的新妈妈及宝宝有湿疹的新妈妈要忌食。

黄鳝：
滋补温阳

黄鳝中含有丰富的 DHA 和卵磷脂，它们是构成人体各器官组织细胞膜的主要成分，而且是脑细胞不可缺少的营养物质。黄鳝还有很强的补益功能，特别是对身体虚弱的新妈妈更为明显，它有补气养血、温阳健脾、滋补肝肾、祛风通络等功效。

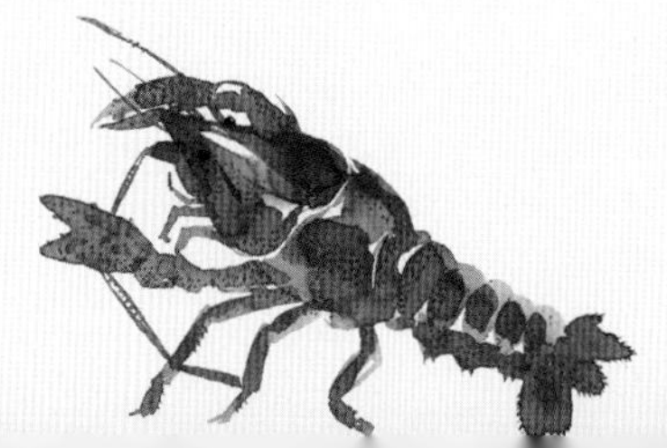

鲤鱼：
下奶，排恶露

中医认为鲤鱼可补脾健胃、利水消肿、通乳下奶，对产后水肿、腹胀、少尿、乳汁不通的新妈妈很有益处，而且，鲤鱼还可促进新妈妈尽快排出恶露。所以，产后新妈妈可以选择用鲤鱼来煲汤，以帮助身体恢复并促进乳汁分泌。

牛羊肉：
补虚强筋骨

中医认为羊肉性温，味甘，有益气补虚、温中暖下、壮筋骨、厚肠胃的作用，产后吃羊肉还可促进血液循环，增温祛寒，适宜疲劳体虚、腰膝酸软、虚冷、腹痛的新妈妈食用。而牛肉中的蛋白质含量高，脂肪含量低，味道鲜美，具有补中益气、滋养脾胃、强健筋骨的功效，适宜产后气短体虚、筋骨酸软的新妈妈食用。

牛奶：
保持母乳钙含量

牛奶营养丰富，易被人体消化吸收，食用也非常方便，人称“白色血液”，是最理想的天然食品之一。牛奶中含有丰富的蛋白质，消化吸收率非常高，新妈妈适当喝牛奶有助于保持母乳中钙含量的相对稳定。

红枣：
补气血，安心神

红枣被誉为“百果之王”，含有丰富的维生素及多种矿物质，具有益气养肾、补血养颜、补肝降压、安神、治体虚劳损之功效。红枣具有增强人体耐力和抗疲劳的作用，产后气血两亏的新妈妈坚持用红枣煲汤，能够补血安神。红枣味道香甜，吃法多种多样，既可口嚼生吃，也可熬粥蒸饭熟吃。

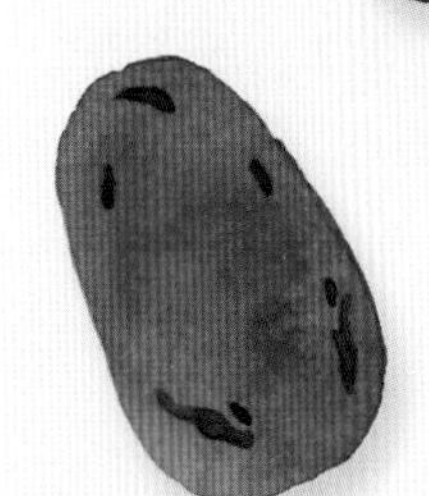

红薯：
预防产后便秘

红薯富含淀粉、果胶、维生素及多种矿物质，有“长寿食品”之誉。红薯含有丰富的膳食纤维，能刺激消化液分泌及肠胃蠕动，从而起到通便作用。红薯还是一种理想的减肥食品，非常利于产后新妈妈恢复身材。

银耳：
淡斑瘦身

银耳具有润肠、健胃、补气、强心的功效。同时，银耳富含胶质，加上它的滋阴作用，还可淡化脸部的黄褐斑、雀斑。不仅如此，银耳还是富含膳食纤维的减肥食品，它的膳食纤维可助肠胃蠕动，减少脂肪吸收，对于产后有便秘症状的新妈妈有一定的帮助。

山药：
助消化增食欲

山药性平，味甘，含有氨基酸、维生素B_2、维生素C及钙、磷、铜、铁等矿物质，有益气补脾、帮助消化等作用。因此，山药可作为新妈妈的产后食疗佳品。

莲藕：
排出体内瘀血

莲藕中含有大量的碳水化合物、维生素和矿物质，营养丰富，清淡爽口，是祛瘀生新的佳蔬良药，有健脾益胃、润燥养阴、行血化瘀、清热生乳的功效。新妈妈多吃莲藕，也能够及早清除腹内积存的瘀血，增进食欲，帮助消化，促进乳汁分泌。

核桃：
缓解产后疲劳

核桃营养丰富，含有维生素 E、不饱和脂肪酸、钠、镁、锰、铜、硒等多种矿物质，中医认为核桃有健脑益智、补肾温肺、润肠通便之功效，属高级滋补品。当新妈妈感到疲劳时，嚼些核桃仁，还有缓解疲劳和压力的作用。

板栗：产后腰痛克星

板栗性温，味甘，含有脂肪、钙、磷、铁和多种维生素。中医认为，板栗有补肾的功效，对于产后肾虚腰痛、四肢疼痛的新妈妈能起到很好的补益作用。

木瓜：催乳减肥

木瓜素有“百益果王”之称，含有碳水化合物、蛋白质、维生素 C 和钙、钾、铁等多种矿物质。木瓜性温，味酸，有降压、解毒、消肿、促进乳汁分泌、消脂减肥等作用。

我国自古就有用木瓜来催乳的传统。传统认为木瓜能直接刺激母体乳腺的分泌，故又称木瓜为乳瓜。新妈妈产后乳汁稀少或乳汁不下，可用木瓜与鱼同炖后食用。

通草：通气下乳

通草有通气下乳、利尿通淋的功效，常与猪蹄、鲫鱼等食材同用，适合产后乳汁不下或不畅的新妈妈食用。

黄芪：产后气虚首选

黄芪是一味常用的中药，性微温，味甘，有补气固表、止汗、生肌、利尿、退肿之功效。新妈妈凡是有产后气虚、气血不足等情况，都可以用黄芪来改善调养。

枸杞：明目养肝，增强免疫力

枸杞营养丰富，是天然的滋补食物。其含有的氨基酸、维生素和铁、锌、磷、钙等营养物质，有增强免疫功能、促进造血、抗衰老等作用，非常适合产后新妈妈食用。但注意不可过量，每次 3~10 克即可。

图书在版编目（CIP）数据

42天经典月子餐：视频版 / 李红萍编著 .—南京：江苏凤凰科学技术出版社，2020.07（2025.01 重印）
ISBN 978-7-5713-1142-1

Ⅰ. ①4… Ⅱ. ①李… Ⅲ. ①产妇-妇幼保健-食谱 Ⅳ. ① TS972.164

中国版本图书馆 CIP 数据核字（2020）第078031号

中国健康生活图书实力品牌

42天经典月子餐：视频版

编　　著　李红萍
主　　编　汉　竹
责任编辑　刘玉锋　阮瑞雪
特邀编辑　陈　岑
责任校对　仲　敏
责任设计　蒋佳佳
责任监制　刘文洋

出版发行　江苏凤凰科学技术出版社
出版社地址　南京市湖南路1号A楼，邮编：210009
出版社网址　http://www.pspress.cn
印　　刷　南京新世纪联盟印务有限公司

开　　本　720 mm×1 000 mm　1/16
印　　张　15
字　　数　300 000
版　　次　2020年7月第1版
印　　次　2025年1月第29次印刷

标准书号　ISBN 978-7-5713-1142-1
定　　价　49.80元